# 新型基础测绘的探索与实践研究

张诗泉　周永丹　郭军强　著

哈尔滨出版社

HARBIN PUBLISHING HOUSE

**图书在版编目（CIP）数据**

新型基础测绘的探索与实践研究 / 张诗泉，周永丹，
郭军强著．-- 哈尔滨 ：哈尔滨出版社，2023.3
ISBN 978-7-5484-7112-7

Ⅰ．①新… Ⅱ．①张… ②周… ③郭… Ⅲ．①测绘学
Ⅳ．① P2

中国国家版本馆 CIP 数据核字（2023）第 049461 号

书　　名：**新型基础测绘的探索与实践研究**
XINXING JICHU CEHUI DE TANSUO YU SHIJIAN YANJIU

作　　者：张诗泉　周永丹　郭军强　著

责任编辑：张艳鑫

封面设计：张　华

出版发行：哈尔滨出版社（Harbin Publishing House）

社　　址：哈尔滨市香坊区泰山路 82-9 号　邮编：150090

经　　销：全国新华书店

印　　刷：廊坊市广阳区九洲印刷厂

网　　址：www.hrbcbs.com

E－mail：hrbcbs@yeah.net

编辑版权热线：（0451）87900271　87900272

开　　本：787mm×1092mm　1/16　印张：10　字数：220 千字

版　　次：2023 年 3 月第 1 版

印　　次：2023 年 3 月第 1 次印刷

书　　号：ISBN 978-7-5484-7112-7

定　　价：76.00 元

凡购本社图书发现印装错误，请与本社印制部联系调换。

服务热线：（0451）87900279

# 前　言

　　基础测绘具有基础性、公益性、权威性、前期性等特征，与经济社会发展、国防安全建设息息相关。国家应加强对基础测绘的统筹规划、经费支撑和政策支持，并将其作为一项公益事业由政府为主导组织实施开展。

　　新型基础测绘组织管理体系建设，除了要坚持分级管理体制保持不变外，国家的统一规划作用同等重要，不能舍弃，这是由基础测绘的工作对象所决定的。测绘的含义是指对自然地理要素或者地表人工设施的形状、大小、空间位置及其属性等进行测定、采集并绘制成图，其主要研究对象是地球及其表面形态。众所周知，地球只有一个，分级管理体制下的不同层级基础测绘工作对象仍然是同一个地球、同一个地表。

　　传统基础测绘工作受生产技术能力和分级管理体制的制约，生产上出现了不少重复测绘的现象。但在新型基础测绘体系建设过程中，将以地理实体为对象划分生产以及分级管理的内容，这使只测一次在理论上成为可能。同时也倒逼新型基础测绘必须实行统一规划，只有通过自上而下、不同层级的统一规划，才有可能达成同一地理实体只测一次的建设目标。

　　总之，坚持和继承基础测绘的公益和基础属性，就必须毫不动摇地继续坚持基础测绘国家统一规划和分级管理体制。在进一步强化国家级测绘行政主管部门的全面统筹作用，实现全国新型基础测绘统一谋划、统一标准的同时，进一步健全国家一省一市（县）三级管理基础测绘的体制，这是《测绘法》明确规定的内容，在新型基础测绘建设过程中也不能更改，能够改变的是根据地理实体分类编码规则与表达精度需求的不同，重新划分统一规划和分级管理的工作内容与相关指标。基础测绘转型升级的自我变革，就是既要继承，又要创新发展。对继承什么、发展什么的问题要有清醒的判断与认识，大局不可变、细节要调整，基础测绘队伍组织模式不能变，队伍分工可以进行调整。

　　本书以新型基础测绘为主题，对测绘基础的相关知识进行了阐述，随着时代的发展，在旧有的测绘基础上延伸出了新型基础测绘技术，在对新型基础测绘技术体系的学习中，对激光雷达测绘技术，3S 技术和数据处理关键技术的定义、特点以及应用等方面进行了探讨和研究，并对数字孪生技术及产品数字孪生体和测绘行业管理的相关内容进行了阐述。

# 目　录

# 第一章　新型基础测绘技术体系

新型基础测绘的发展不仅是一个体制机制层面的问题，同样需要解决一系列的技术问题，需要不断加强测绘地理信息技术的自我升级与创新。其关键在于推进测绘地理信息技术与现代高新技术的融合，为推动基础测绘工艺流程、工作对象、产品形式与内容等转变提供有力的技术支撑与保障。

本章对新型基础测绘进行了详细的解读，研究分析了新型基础测绘的支撑技术框架，并对现代测绘基准关键技术、多元数据管理与服务技术等内容进行了深入探讨。

## 第一节　新型基础测绘的定义

### 一、新型基础测绘的概念及提出

信息技术、空间技术的快速发展变化，以及经济社会发展需求的日益变化，不断推动着基础测绘业务形态变革以及相应的产品服务、技术标准转型，同时也推动着基础测绘管理制度的与时俱进调整。

#### （一）测绘技术发展

对于信息时代而言，信息技术普及渗透还有很远的路要走，现在的信息技术应用只相当于工业革命的蒸汽机时代。当今时期，是信息技术融入各个行业、推动产业链跨界融合、实现按需提供个性化产品和服务的时期。因此，在可见的未来，基础测绘技术转型实质上是充分利用最新的信息技术、卫星导航和卫星定位技术等改造传统基础测绘技术体系，促进信息化测绘进一步深度发展的进程。

1.基础测绘转型的技术驱动因素

信息化进入全面渗透、跨界融合、加速创新、引领发展的新阶段。网络空间从人人互联向万物互联演进，数字化、网络化、智能化服务将无处不在，同时物联网、云计算、大数据、人工智能、机器深度学习等构成了新时期国家信息化发展的关键词。推进基础测绘技术体系现代化，就是按照规划要求部署和基础测绘业务要求，充分运用这些信息化关键技术来设计和改造基础测绘技术体系，实现实时、动态综合、高效的地理信息数据采集、处理、服务，实现新型技术应用潜能裂变式释放，与时俱进提升基础测绘基本能力。总体来看，驱动基础测绘技术转型的主要技术包括以下几方面：

（1）云计算

自谷歌首席执行官埃里克·施密特博士提出云计算以来，这一概念迅速风靡 IT 业界。在国家政策支持和试点示范的引导下，政府、企业、高校、研究机构等积极加入云计算产业生态的打造中。各地各行业抢位布局，快速发展，加快投资跟进，积极推动云计算产业快速发展。阿里、腾讯、百度等互联网巨头正纷纷打造云生态，强化对云计算行业的掌控力。

从本质上讲，云计算是一种全新的计算供应及消费的方式，用户终端通过远程连接，获取存储、计算、数据库等计算资源，具有降低计算成本、整合计算资源、优化资源配置等技术优势，计算能力和效率大大提高。云计算的技术优势和特点近乎是为测绘地理信息行业"量身定做"，为完善测绘地理信息技术体系、提升测绘地理信息领域的信息化水平提供了直接的技术支撑，也为实现全国统一的地理信息数据库提供了可能。近年来，基础测绘领域的云技术应用也开展了一些尝试。测绘地理信息部门目前正在推动建设"智慧城市地理空间信息云平台"，根据相关规划，超过 20 个省（自治区、直辖市）提出要建设时空信息云服务平台。基于云架构的地理信息软件产品也已经出现，如超图公司推出的地理信息云平台，实现"由买到租"地理信息服务。提升基础测绘技术体系信息化水平，需要尽快制定在基础测绘领域云计算应用发展路线图，形成云计算应用布局规划，突破基于云计算的地理信息处理、存储、分发服务关键技术，从而实现地理信息云计算、云存储、云服务、云安全。

（2）物联网

物联网通过信息传感设备，把物品与互联网连接起来，实现智能化识别、定位、跟踪、监控和管理。物联网促进了世界上物与物、人与物、人与自然之间的对话与交流，是新一代信息技术的高度集成和综合运用，已成为经济社会绿色、智能、可持续发展的关键基础与重要引擎。物联网的基本特征包括全面感知、可靠传送和智能处理，即随时随地采集和获取物体信息、可靠地交换与共享信息、即时即地对海量信息进行处理分析。对于基础测绘而言，物联网的快速发展和大规模应用实际上带来了无限潜力和可能。可以想象，无处不在的各种传感器，其获取的各种信息实际上具有天然的地理位置属性，成为随时随地地理信息获取的重要来源。换句话讲，天地一体化的物联网，将成为地理信息获取的基本手段，这将对整个基础测绘生产服务的内容、方式、手段带来革命性的变化。这就要求基础测绘积极主动地拥抱和融入物联网大潮，贯彻落实国家推进物联网发展的决策部署，推动地理信息与物联网在技术、应用、产业等方面的融合，超前研究、谋划基于物联网的业务体系。

（3）大数据

大数据时代有四大特征：一是大量化，包括存储量、增量；二是多样化，来源多、格式多；三是快速化；四是价值密度低。对于大数据，维基百科的定义是无法在一定时间内用常规软件工具对其内容进行抓取、管理和处理的大量而复杂的数据集合；美国国家标准与技术研究院（NIST）的定义是数量大、获取速度快或形态多样的数据，难以用传统关系型数据分析方法进行有效分析，需要大规模的水平扩展才能高效处理；高德纳（Gartner）公司的定义是体量大、快速和多样化的信息资产，需用高效率和创新型的信息技术加以处理，以提高做出决策和优化流程的能力。

李建成院士认为，从地理空间信息角度看待大数据，可以从两方面进行分析：一方面，对于符合大量（volume）、多样（variety）、高速（velocity）、价值（value）等4V特征的地理大数据，通过数据挖掘发现知识和规律，是信息化测绘技术和应用的拓展。另一方面，信息化测绘中的大数据，多要素、多源异构、多维、多尺度、多时相数据构成了一个海量的、复杂的数据体，过去主要用来解决特定尺度下、特定地物的精确描述问题，数据体的价值远没有发挥它的作用，如时变信息、多要素相关性信息、变化规律信息等，大数据理论和技术对于提升信息化测绘水平和能力具有重要价值。大数据时代是信息化测绘发展的一个新机遇，地理大数据既是资源，又是技术和方法，将促使信息化测绘体系发生进一步变革，提升其智能化、知识化程度。

（4）人工智能

人工智能指的是获取某一领域的海量信息，并利用这些信息对具体案例做出及时判断，以达成某一特定目标的技术。现有人工智能技术和产品的发展速度之快大大超出了我们的认识和预期，并且在给定任务中所展现出的工作能力已经被证明可以完全超越人类表现。谷歌的围棋人工智能程序阿尔法狗（AlphaGo）对阵李世石和柯洁的人机围棋大战引起世界瞩目。类似的IBM人工智能"沃森"、百度公司的"百度大脑"等应用了深度学习的计算处理系统，能够通过已有数据进行学习，找出规律，帮助诊断疾病、研发新药。现实中用到的语音助手、人脸识别、虚拟聊天机器人，以及智能交通、无人车等，无不显示着人工智能的存在。

人工智能最重要的特征是学习能力，即能根据以往的经验来不断优化算法。随着人工智能技术的进一步发展，会不可避免地对基础测绘技术体系造成冲击和颠覆，从地理信息的获取到地理信息的应用都可以借助人工智能技术提高信息的获取效率和应用效果，地面测量、无人机航空摄影、数据处理、数据分析、数据服务等岗位会逐步减少，将大大提升基础测绘整体能力和效率。同时能够将基础测绘产品提升一个层级，即通过让机器对地理信息数据集及其他相关数据集的"特征"进行学习、筛选和提取，发现蕴含、淹没在庞大的地理信息数据集中的知识并进行表达，实现基础测绘产品由当前的地图产品和数据产品向知识产品的升级。

（5）卫星遥感和卫星导航定位

作为基础测绘的重要支撑技术，卫星遥感和卫星导航定位相关技术快速发展。北斗卫星导航系统在目前已经形成覆盖亚太的服务能力的基础上，加快全球组网，形成全球覆盖服务能力，为形成自主的卫星导航定位能力准备了条件。卫星遥感影像数据的自主保障能力也快速提升，"资源三号"已经实现组网运，高分专项也将形成强有力的对地观测能力。商业化遥感卫星快速发展，中国航天科技集团公司研制的"高景一号"商业卫星空间分辨率达到 0.5 米，与 0.3 米的国际先进水平差距大大缩小。长光卫星技术有限公司研制的"吉林一号"卫星已于 2015 年 10 月发射升空，据相关规划到 2030 年将有 138 颗卫星在轨，形成 10 分钟以内的重访能力。

卫星遥感和卫星导航定位技术的快速发展将推动基础测绘业务方式发生重大变化。测绘基准的建立与维持方式发生了变革，过去测高程采用的是传统测绘方法，测绘地理信息部门与水利部、总参谋部测绘导航局等部门测了 20 多年才完成。现在高程测量已经完全由计算机模型完成。卫星导航定位技术与姿态传感器（IMU）的使用，减少了野外工作的作业量。卫星遥感影像分辨率越来越高，获取地理信息的时间、周期、劳动成本却大大减少和降低。移动端快速发展之后，更多的人习惯在手机上使用电子地图。地图制图的概念发生了巨大变化，过去对制图精度要求严格，但在现在却已成了发展的局限。现在地图不是人来测量，而是卫星测量，所以不再需要划分比例尺，而是取决于原始观测的分辨率。这就要求有前瞻意识，跟上时代、技术发展的变化。

2. 基础测绘转型的技术趋势

一是技术跨界融合。跨界融合体现在地理信息技术完全拥抱云计算、大数据、物联网、人工智能等最先进的信息技术以及卫星遥感和卫星导航定位技术，构建全新形态的基础测绘技术体系。覆盖天空地的无所不在的物联网成为基础测绘最主要的数据源；云计算为基础测绘提供了安全、可靠、高效的计算、存储和服务资源；大数据为基础测绘提供了取之不竭、用之不尽的知识源泉；人工智能则成为从烟波浩渺的数据、信息和知识中寻找主材、加工产品，从而实现定制化、知识化地理信息服务的基本支撑。

二是业务形态变革。当地理信息技术与云计算、大数据、物联网、人工智能发生碰撞，将迎来更高效、便捷、智能的新方法，使得基础测绘的业务形态发生神奇的变革与进步。传统基础测绘以大地、航测、制图、出版为支撑的技术体系和业务流程被彻底颠覆，以云计算、大数据、物联网、人工智能、卫星遥感和卫星导航定位技术为支撑的技术体系和业务流程逐渐建立。与之相适应的组织方式也将相应地进行调整，推动基础测绘转型向纵深发展。

三是产品形式丰富。随着基础测绘技术不断现代化，基础测绘产品从内容、形式、范围、要素等多个方面进行转型升级，产品形式也将进一步丰富，覆盖面将更宽广，知识含量将更密集，产品形式将丰富多彩，服务形式将更智能化，以满足应用拓展、增值开发的需求。

四是标准规范转型。尽管基础测绘由模拟技术向数字化、信息化技术转型已有多年时间，但总体上看，相应的标准规范并没有体现数字化、信息化测绘的技术要求，很大程度上仍然是以地图制图为基本导向，地图分幅、比例尺等地图制图时代的痕迹仍然很突出。基础测绘标准规范需要根据新型基础测绘技术体系的特点，进一步模糊比例尺概念，按照地理信息数据库基于实体、精度最高、纵向统一、多尺度融合、面向应用的要求进行转型。

五是业务格局丰富。当前由基础测绘、航空航天遥感测绘、地理国情监测、应急测绘、全球地理信息资源建设组成的五大公益性业务的形成，很大程度上得益于技术的发展和应用，也是基础测绘技术现代化的一种集中体现。而新型信息技术和航空航天技术的发展和应用，在变革基础测绘业务形态的同时，必将重塑测绘地理信息事业格局，使得新型测绘地理信息服务不断出现。

### （二）基础测绘管理创新

传统基础测绘管理是一种按照流程进行管理的方式，与过去事业单位按照大地、航测、制图的业务流程进行布局的思路是一致的，这本身体现了传统测绘技术体系的要求和特点。尽管当前我国基础测绘已经实现了由模拟测绘向数字化测绘的转变，并在一定程度上实现了信息化，但是管理思想仍然停留在传统基础测绘管理时代。所以在基础测绘转型过程中，必须要在实现技术转型的同时，实现管理的同步创新。唯有如此，才能真正实现基础测绘完全意义上的转型升级。

推进基础测绘管理创新，就是要建立一套适应现代信息化测绘技术条件和符合现代政府管理理论的基础测绘生产服务相关制度。按照现代政府管理理论，整个基础测绘制度设计不能按照树状、条块来安排，要将基础测绘作为一种公共服务来进行管理。包括基础测绘规划计划的管理，标准质量的管理，科技创新的管理，成果使用的管理，相关的基础设施、生产服务流程、投入等方面的管理等，都要充分体现国家行政管理和公共服务现代化的要求，充分体现基础测绘技术现代化的需要。

#### 1. 规划计划管理

基础测绘规划计划管理：一方面，要强调符合我国大的经济政策环境——分税制，基础测绘实行分级管理的主要原因也是分税制。

另一方面，要适应测绘地理信息科学本身的特点，即测绘的对象也就是地球表面只有一个，所以全国的基础测绘应该是一体化的管理。要适应分税制的经济政策环境，就要求基础测绘要继续实行分级管理。而要满足测绘地理信息学科的特点，则要求尽量克服由于分级管理带来的弊病，也就是第二章中提到的重复建设、信息孤岛的问题。从后面几章中我们可以看出，克服这一弊端的唯一办法，就是要加强对全国基础测绘的统筹管理能力。规划管理包括规划编制、规划实施等环节，为了满足以上两方面的需要，规划工作本身要发生大的变化。比如，要改变规划编制方法，弱化分级的概念，探索建立新型基础测绘规划管理体制，将规划制定权收归国家测绘地理信息局，由国家测绘地理信息局联合各地测绘地理信息部门共同制定全国统一且唯一的基础测绘规划，将工作范围、工作内容、组织分工具体细化到可执行和操作的深度，由各级测绘地理信息部门分级组织实施。各地方将基础测绘规划中本地相关任务纳入本地基础测绘计划和财政预算予以保障。

#### 2. 质量管理

与基础测绘技术发展相伴随的，是基础测绘组织方式、管理模式、成果形式、服务方式的深刻变化，因此基础测绘质量管理也必须适时进行调整。要对质量管理制度和质量标准进行修订，满足大数据、云计算、物联网等新技术应用和新业务流程建立的需要。要构建适应新型基础测绘技术体系、业务流程的基础测绘质量管理组织形式。在当前"二级检查、一级验收"制度的基础上，根据新的需求和要求进行充实和完善，构建覆盖生产服务全过程的质量控制方法。

### 3. 成果管理

基础测绘作为一项政府公共服务，新时期基础测绘成果管理要贯彻"创新政府服务方式，提供公开透明、高效便捷、公平可及的政务服务和公共服务"的基本要求，按照新型基础测绘"开放共享"的特征要求，按照保守国家秘密的底线要求，对基础测绘成果的汇交、保管、公布、利用、保密、收费、销毁等相关政策制度进行研究和完善。

### 4. 法制化

法制化是基础测绘转型结果的集中体现，同时反过来又对基础测绘发展起到促进作用。自新中国成立后，基础测绘活动从无法可依到依法测绘，基础测绘立法工作经历了从无到有、从分散到相对集中形成体系、从低层次到高层次、从不完善到初步完善的发展过程，相关立法逐渐步入了系统化、规范化的阶段。在推进基础测绘转型过程中，要善于通过立法等手段将发展改革成果固化下来，将经过长期执行有效的规章制度提升成法律条文，特别是加强全球卫星导航定位基准站、基础地理信息数据库等的立法，将推动基础测绘发展的思想、战略、措施、技术、方法、成果体现和固化为国家意志。

## （三）新型基础测绘

基础测绘发展面临的形势，无论是技术，还是政策、需求，都已然发生了巨大变化。不能继续按照传统思路推进基础测绘，必须更换思路。针对这一形势变化，国家测绘地理信息局与时俱进地调整测绘地理信息业务结构，努力推进由新型基础测绘、航空航天遥感测绘、地理国情监测、应急测绘、全球地理信息资源建设等公益性业务以及地理信息产业构成的"5+1"业务格局。不仅业务格局发生变化，每一项业务本身也在发生变革。新型基础测绘是基础测绘技术转型和管理创新的称呼。新型基础测绘的提出，就是要反映基础测绘在技术、管理两个方面的创新发展进程，以适应新的政策环境、需求环境和技术环境变化。

### 1. 新型基础测绘中"新型"的含义

一是体现了发展的延续性和继承性。从哲学角度讲，发展新型基础测绘是对传统基础测绘的"扬弃"，即基础测绘转型过程既包含继承，也孕育发展。一方面，新型基础测绘仍然是基础测绘，需要吸取和保留传统基础测绘中的积极的、合理的仍在适应新的历史条件的因素。另一方面，新型基础测绘区别于传统基础测绘的典型特征，需要抛弃传统基础测绘中的消极的、过时的因素，使得基础测绘在内容上更丰富、形态上更高级、结构上更合理、功能上更强大，具有更强的适应力。同时，传统基础测绘向新型基础测绘的转型升级并不能一蹴而就，应立足现实基础，着眼前进方向，统筹设计，稳步推进。

二是体现了发展的创新性和时代性。基础测绘本身是一项技术密集型工作，新型信息技术、卫星遥感和卫星定位技术的发展应用，必将进一步加快推进基础测绘的信息化进程，推动基础测绘生产模式和工艺流程的根本性变革，并为实现基础测绘转型发展创造有利条件。基于此，提出新型基础测绘，就是要通过加强供给侧结构性改革，从技术创新、标准制定、工作对象、产品内容和形式等方面实现全新突破，使形成的新基础测绘产品服务能够更加贴近和满足经济社会发展需求，实现基础测绘产品的有效供给，充分体现基础测绘的普惠性特征。

三是有利于同我国话语体系保持一致。中国经济发展已经步入"新常态"以及这个常态下经济运行各环节表现出了鲜明的特点，剥茧抽丝、清晰地勾画出今后一个时期我国经济发展必须遵循"新常态"要求的大逻辑。遵从逻辑，就是尊重规律。将基础测绘调整和升级过程命名为"新型基础测绘体系建设"，能够充分体现当前基础测绘发展所处的时代特征，能够与我国整体话语体系保持统一。

2.新型基础测绘的总要求

新型基础测绘的基本特征是包括海陆兼顾、联动更新、按需服务、开放共享等，这体现了新型基础测绘的总体发展要求。发展新型基础测绘，需要"坚持需求决定生产的导向，建立健全基础测绘体制机制，加快建设新型基础测绘体系"，并"与时俱进调整基础测绘工作布局，加快基础测绘工作内容、工作对象、工作手段、工作重点的转型和变革，扩大数据覆盖面，加快数据更新，丰富数据内容，提升数据生产能力，实现基础地理信息由地上向地下、陆地向海洋、国内向国外、静态向动态、有限要素向全要素、定期更新向适时动态更新的转变"。

## 二、新型基础测绘体系建设的思路

新型基础测绘仍然是基础测绘。"基础测绘"这个词，一方面有技术含义，代表了基础测绘业务的全部内容，包括基础测绘技术、生产、服务、标准、规范等。另一方面，这个词还有管理属性，它代表了我国政府对基础测绘所有的管理制度，包括法律、法规和一系列的政策性文件。所以，新型基础测绘仍然是基础测绘，基础测绘所代表的业务和管理属性是没有变化的，变化的是"新型"，也就是要对它的技术内容、业务内容、管理内容进行变革。

## 三、新型基础测绘体系建设的重点

按照前面所述的新型基础测绘的体系框架、主要特征、发展目标，应以生产组织体系、产品服务体系、技术体系、标准体系、质量体系、组织管理体系等方面为重点，协同推进新型基础测绘体系建设。

## （一）生产组织体系

新型基础测绘生产组织体系建设的重点是丰富和拓展基础测绘建设内容，以便更好地适应和满足新时期需求变化。

1. 建立和维持现代化测绘基准体系

通过国家重大专项"现代测绘基准体系基础设施建设工程"的实施，我国传统静态、功能单一、陆海不统一、低精度的传统测绘，迈向动态、地心、多功能一体化、陆海统一、高精度的现代化基准已经取得长足进展，但与完全意义上的现代化还存在较大距离，主要体现在：

（1）国家测绘基准维持手段较为单一，更多地依赖美国的全球定位系统，还无法实现基于我国自主的北斗卫星导航系统的测绘基准体系的建立与更新维护。（2）国家级控制点密度不均衡，在东西部差距较大，西部经济建设与边疆开发的测绘服务保障能力严重不足。（3）国家测绘基准信息服务能力薄弱。面向新型基础测绘和其他行业应用需求，现代化测绘基准体系建设应当统筹全国测绘基准设施和资源，建立与维护覆盖全国、陆海统一的新一代高精度、三维地心、动态测绘基准体系，形成较为完善的现代测绘基准数据获取平台、数据处理与分析平台、数据库平台和应用服务平台，构建测绘基准数据汇集、分发、共享和服务网络，为行业应用等提供测绘基准综合应用服务，全面实现大地基准、高程基准、重力基准和测绘基准综合应用服务的完全现代化。

2. 发展新型基础地理信息数据库

基础地理信息数据库是基础测绘工作的法定成果形式，是基础测绘提供服务的重要基础保障。当前，我国有多少个基础测绘管理部门，就几乎有多少个基础地理信息数据库。按照前面的新型基础测绘框架，全国统一、基于云架构、覆盖全国的基础地理信息数据库是各级测绘地理信息部门共同的工作对象。发展新型基础地理信息数据库的方向是建立"全国统一多尺度融合、多专题齐全"的新型国家地理空间框架数据库。一是统筹设计数据库的模型结构、数据内容、地理编码、采集指标等。深入调研分析，全面理清应用需求，突破原本按照地形图的设计模式，实行按需设计。在统筹设计的基础之上统一技术标准，采用以地理实体为对象建设数据库的方式，并在数据库基础上进行不同比例尺制图和开展其他应用。同时，还应该摒弃综合取舍的思路，按照需求应采尽采、全面表达，最终建设"全国统一、多尺度融合、多专题齐全"的数据库。二是融合建库，建立统一的多尺度多类型融合的数据库。在纵向上，要实现全国统一、多尺度融合，改变按比例尺建库的技术模式，国家、省（自治区、直辖市）、地市要按区域分工负责，避免重复。三是丰富扩展数据范围、产品形式、要素内容、属性信息等。要通过边境测绘、海洋测绘等，扩展地理信息范围；协同专业部门，丰富地理信息内容特别是专题要素信息。四是构建新型数据库生产体系，形成国家、地方协同的生产组织模式。改变按照比例尺建库更新的模式，设计新的生产组织模式，避免重复工作。统筹全国各省生产计划，按规划推进。建立国家和省级协同更新和建库机制，统筹设计和建立统一的标准体系。

### 3. 获取边境地理信息资源

总体而言，受经济发展程度的影响，我国边境地区地理信息资源建设还相对薄弱。但边境地区战略地位又使得边境地区地理信息资源需求尤为迫切。受自然地理条件和历史发展基础等多方面因素的影响，边境地区普遍自然环境恶劣、基础设施薄弱、社会事业滞后、贫困人口偏多，与内地特别是沿海发达地区发展存在较大差距。境内外敌对势力处心积虑地利用所谓民族宗教问题，以边境地区为跳板，加紧对我国进行渗透、分裂、破坏和颠覆。加强边境地区地理信息资源建设，优化我国地理信息资源的战略储备，成为新型基础测绘建设的应有之义。

获取边境地理信息资源应当针对我国国家战略需求，实现地理信息资源对边境地区的科学合理覆盖，建成边境地区多尺度的基础地理信息数据库，建立针对各类战略需求的应用系统，提高边境地区基础地理信息战略储备结构的合理性和内容的现势性，一揽子解决边境地区基础测绘的历史欠账，完善我国地理信息资源在边疆地区的战略布局，为边境地区提高政府决策管理水平、促进经济社会协调发展、维护边境地区安全稳定提供强有力的测绘地理信息保障。

### 4. 统筹陆地与海洋基础测绘

从现实情况来看，我国陆海基础测绘目前仍是二元化的管理体制。两局业务分工，即"国家测绘总局负责管理全国测绘业务，保障国家重点经济建设测图，培养中高级测绘技术人员，主办测绘援外和国际交往工作。总参测绘局负责国防、战备和边界测图，主管测绘军援工作，在业务上接受国家测绘总局的指导"。因此，由于海防等一些特殊原因，我国的海洋基础测绘工作一直主要由军队管理，客观上也造成了陆地和海洋基础测绘的"分家"。

这种管理体制在当时的历史条件下有其合理性。当前海洋经济迅速崛起，在国民经济中的地位和作用日益突出，正逐步成为国民经济发展的新亮点。明确海洋经济发展的战略定位、转变海洋经济发展方式、优化海洋产业结构、布局临海产业、推进海洋资源综合利用和生态保护、提升海洋服务能力等一系列重大问题，迫切需要基础测绘工作提供强有力的支持。浙江、河北、天津等地方测绘主管部门根据本地经济建设需要，也都明确了海洋测绘职责，设立了海洋测绘机构，开展了海洋测绘工作。单从字面上看，海洋基础测绘应当满足经济建设、国防建设、社会发展等各方面的普遍性的保障服务需求。因此海洋基础测绘将工作重心由为国家安全保驾护航，转变为兼顾经济建设和国家安全，实现陆海基础测绘的统筹规划和协调发展是时代的要求，是实现其自身价值的需要。

统筹陆地与海洋基础测绘，涉及部门职责分工和利益调整问题。

建立健全陆地和海洋基础测绘需求对接和规划衔接机制，在更高层次、更广范围、更深程度上把陆地和海洋基础测绘融合起来，实现我国基础测绘整体布局上的统筹和战略上的协调。完善军地测绘地理信息部门关于海洋基础测绘的职责分工。军地测绘部门关于海洋基础测绘的管理职责也应据此进行合理划分，建立相应的信息共享、项目协作机制，并通过法律法规的形势固化下来。统一陆海基础测绘技术标准，形成我国统一的测绘基准体系和基础地理信息资源数据体系。

## （二）产品服务体系

如第二章所述，当前国家一些战略的提出和实施，对基础测绘服务的内容和模式都提出了一系列新的需求。为适应这些新的需求，要求基础测绘产品从内容、形式、范围、要素等多个方面进行转型升级。

### 1. 丰富地理信息产品

在传统测绘控制点成果基础上，利用现代化测绘基准体系基础设施，提供重力、高程、基准站并置的卫星定位连续运行基准站网，以及似大地水准面精化模型和无缝垂直基准面模型等测绘基准产品。在数字正射影像产品的基础上，充分利用新技术，开发三维影像、实景影像等新型影像产品。在传统 4D 产品基础上，适当增加属性信息，开发新型 4D 产品，使地形图成为加载其他数据的框架和促进附加价值数据的链接。根据需要开发专题地图、地图集、标准画法地图、特种地图及地图创意产品。在标准化产品基础上，形成定制产品开发服务能力，提供知识含量更高、能满足特定需求的地理信息产品。要素上突破传统七种要素的限制，增加地形地貌、水下地形、地名地址、室内空间、地下管网、行政区划等更多要素类型。从完善丰富数据资源、完善系统性能、提升友好程度、构建可持续发展体制机制等多方面进一步提升国家地理信息公共服务平台的总体服务能力和效率，推进其国际化发展。

### 2. 创新地理信息服务模式

把主要的基础测绘服务集成到平台上来，打造统一的品牌和用户界面（UI）体系，加强公共服务平台的普及和推广，把公共服务平台打造成新型基础测绘服务主窗口。完善分布式基础地理信息分发服务系统，加强地理信息服务大厅功能提升和标准化建设，构建完善的新型基础测绘线上线下一体化服务体系。改变按比例尺分级建库的技术模式，采用按照要素主题分层建库，实现不同尺度、不同精度下基础地理信息要素的高度统一和根据需要提供灵活定制服务。打造服务—应用—服务闭环，以便能够及时将服务需求和效果进行反馈。

## （三）技术体系

新型基础测绘生产组织体系、产品服务体系需要新的技术体系的支撑。这就要求有针对性地加强新技术应用，构建新型基础测绘的支撑技术框架，强化关键技术攻关和集成应用。

### 1. 构建新型基础测绘的支撑技术框架

新型基础测绘在工作范围、工作对象、生产工艺、成果内容及表现形式等方面产生的变化，使得解决相应的支撑技术问题成为现实要求。因此，应当从新型基础测绘的陆海统筹、联动更新、按需服务、开放共享的内涵要求出发，从以地理实体为对象的生产服务方式出发，从云计算、大数据、物联网、人工智能等新技术深度应用的要求出发，按照系统化设计、模块化研制、组合化应用的思路，构建新型基础测绘的支撑技术框架。该框架应包括测绘基准、数据获取、数据处理、数据质检、资源管理、公共服务、业务管理等分系统，涵盖从数据获取、处理、管理到服务应用的全生命周期。

2. 推进支撑技术攻关和集成应用

（1）着眼于测绘基准现代化的要求，加强基于卫星的空间大地测量技术、基于似大地水准面模型的高程测量技术、基于多源重力测量构建重力场模型的技术、基于潮汐模型与深度基准面的水深测量技术等的攻关。

（2）着眼于提升基础地理信息获取与处理能力的需求，加强海洋地理信息获取与处理技术、内陆水体地理信息资源获取技术、城市地理信息资源获取与处理技术、网络众源地理信息获取技术、卫星影像智能化处理技术、基于地理要素数据库的联动更新技术、地理实体与专题要素整合技术等的攻关。

（3）着眼于提升数据管理与服务效率的要求，加强分布式地理空间数据库构建定位服务、地图服务与影像服务融合一站式测绘成果分发服务、地理信息资源目录服务与共享交换、地理信息公共服务平台升级、互联网在线制图与产品定制等的相关技术的攻关。

（4）着眼于推进基础测绘管理信息化的需要，加强业务管理数据库构建、业务管理信息化平台构建、业务管理系统构建、综合计划管理与决策支持等的相关技术攻关。

## （四）标准体系

构建新型基础测绘体系，还需要加快形成相应的标准支撑，能更好地发挥标准对新型基础测绘生产、服务和管理的指导和基础性作用。新型基础测绘标准体系建设首先要遵循标准、标准化和标准体系发展的一般理论，按照整体性、协调性、结构性、系统性、动态性的原则和要求，梳理新型基础测绘领域各方面标准化对象，完整描述标准化内容、组成，并进行科学划分，以此反映其结构和关系，使标准按照内在联系形成科学有机的整体。其次要从新型基础测绘的内在要求出发，充分体现其海陆兼顾、联动更新、按需服务、开放共享的内涵要求，充分体现测绘基准现代化、数据获取实时化、数据处理自动化、数据资源管理智能化、信息服务网络化、信息应用社会化、测绘业务管理信息化的需要，准确确定标准化对象、内容和架构。针对新型基础测绘基准、定义与描述等基础领域的标准化对象，获取处理、管理和质量等通用领域的标准化对象，以及成果、应用服务和检验测试等专用领域标准化对象，充分运用结构化原理与系统论方法，构建涵盖定义与描述类、成果类、获取与处理类、应用服务类、检验与测试类、管理类等标准类型的新型基础测绘标准体系框架。在此基础上，完善相关标准化工作机制，开展基础测绘标准清理，加强新型基础测绘相关标准制定，并加快形成新型基础测绘标准体系。

## （五）质量体系

与传统基础测绘质量体系一样，新型基础测绘质量体系依然包括质量管理制度、质量技术标准、组织形式、质量控制方法和成果质量检验等框架内容。但是，新型基础测绘相较传统基础测绘在组织方式、管理模式、技术体系、成果形式、服务方式上都发生了深刻变化，为此，新型基础测绘质量体系在具体内容上必须与新型基础测绘发展要求相适应。质检工作在范围上需要满足新型基础测绘从陆地向海洋、从地上到地下的发展需求，在能力水平上需要满足新型基础测绘新任务实施和新技术应用的要求，在质量评价和信息共享方式上也需要有所创新。构建新型基础测绘质量体系，需要从质量管理制度、质量标准体系、质量技术体系、质量组织管理形式和质量控制方法等方面着手。结合新型基础测绘需求，有针对性地开展质量管理制度修订，真正发挥制度的约束和规范作用。制定《测绘地理信息质量标准体系》，将新型基础测绘质量标准纳入总体框架之中，进而更好地引导和规范新型基础测绘质量标准制度修订工作。全面建成满足新型基础测绘任务实施的质量检验测试技术体系，实现质检技术、管理与服务信息化，大幅提升我国质检技术水平和保障服务能力。结合"放管服"的要求，认真梳理和总结质量管理方式方法，从政府监管、质检机构支撑和服务监管、资质单位夯实质量体系等方面入手，构建自上而下、逐级管理、环环相扣、全面控制的质量管理体系。针对新型基础测绘生产数据量大、自动化程度高、产品形式多样、产出快等特点，探索形成新型质量控制方法。

## （六）组织管理体系

发展新型基础测绘，还应当探索建立基础测绘联动更新机制，重新划分中央和地方事权，完善相配套的管理制度。

### 1. 形成新型基础测绘组织分工

新型基础测绘应当按照"一次采集、联动更新"的思路，探索建立国家和地方协同分工机制，打破不同层级测绘地理信息工作的藩篱，形成新型基础测绘全国统筹和分工协作的局面。通过分要素更新、数据库动态更新、增量式更新、联动更新等方式，探索建立地理信息联动更新机制。突破按照比例尺大小来确定基础测绘分级管理内容的模式，探索建立以基础测绘责任网格为组织管理分工的模式。促进基础地理信息协同更新，探索建立地理信息政务协同更新、行业协同更新、志愿者更新等新机制。围绕新型基础测绘建设核心业务，结合基础测绘事业单位改革，进一步调整生产组织结构，建设分工明确，专业化程度高，涵盖基础地理信息数据获取与处理、数据集成与整合（融合）、数据分析与挖掘等业务的高效、精干、专业的基础测绘队伍。

### 2. 形成新型基础测绘管理制度

发展新型基础测绘，还需要进一步完善基础测绘管理体制，在坚持分级负责、分级管理的基础上，进一步强化对全国基础测绘的统筹协调和管理，推进体制机制和制度的创新。构建新型基础测绘管理制度，要符合我国分税制行政体制环境要求、保持测绘地理信息大的管理体制不变，同时符合新型基础测绘工作特点。基于以上原则，要对中央和地方对基础测绘管理权限进行重新划分，进一步强化国家测绘地理信息局的总体统筹和宏观调控能力，同时强化基层测绘地理信息部门生产、管理和公共服务职能。从加强对全国基础测绘统筹能力的角度出发，完善基础测绘规划管理制度和政策，明确新型基础测绘规划编制参与主体、职责分工、功能定位、编制程序、组织实施等各事项。从新型基础测绘的主要任务和要求出发，修订基础测绘计划管理办法，明确计划编制的程序、内容和要求，修订基础测绘计划指标体系。

# 第二节　新型基础测绘的支撑技术框架

信息技术经历了个人电脑时代、互联网时代，正在步入云计算、大数据、人工智能时代，测绘技术的发展与信息技术的发展息息相关，更离不开信息技术的支撑和牵引。在个人电脑时代，计算机的普及应用，促使基础测绘的支撑技术由模拟测图技术转向数字测图技术；进入互联网时代，网络和数据库技术的发展，推动基础测绘的技术成果由数字化产品走向网络化地理信息服务；迈入云计算、大数据、人工智能时代，基础测绘的生产和服务技术将产生显著变化，形成新型基础测绘技术支撑体系。

## 一、支撑技术需求分析

### 1.从生产服务方式分析技术支撑需求

相较传统的基础测绘，新型基础测绘在工作范围、工作对象、生产工艺、成果内容及表现形式等方面均产生较大变化，迫使从业人员必须要解决相应的支撑技术问题。

第一，新型基础测绘的工作范围将由陆地国土范围拓展至海陆国土范围，需要解决海陆基准的一体化技术问题，海洋基础地理信息资源获取、处理、应用和管理技术问题以及海陆基础地理信息数据融合技术问题。

第二，新型基础测绘的工作对象将由不同层级的不同采集内容转变为统一标准的地理实体，工作对象的要素种类、要素精度、要素表现形式等内容均发生变化，需要解决以地理实体为对象的实体表达理论和技术。

第三，新型基础测绘的成果内容及表现形式将由传统的地理信息数据库转变为面向实体对象的地理信息数据库，任何一个地理实体对象都能够被单独提取出来，同时将由面向传统地图制图需要的二维平面地图或地理信息数据库转变为面向用户现实需求的三维空间地图或地理信息数据库。为此，需要解决面向地理实体对象的数据库建库技术和三维地理信息数据库建库技术等问题。

第四，新型基础测绘在生产服务上更多体现数据获取实时化、处理自动化、应用智慧化、管理安全化等，这就需要充分利用物联网、大数据等新技术，融合集成新一代卫星遥感等对地观测技术，不断丰富地理信息数据天空地一体化实时获取方式；充分利用云计算、大数据、人工智能等技术加速提升海量多源数据智能处理能力，大幅提高地理信息数据的自动化快速处理能力；融合集成信息化测绘、政务信息交换共享、物联网感知、泛在网络、城市云中心和智能设备接入等技术手段，构建以时序化的基础地理信息数据、公共专题信息数据、智能感知实时数据等为主要内容的城市时空大数据和云平台，深化在城市建设与管理各领域的应用，形成智慧化、智能化服务等。此外，新型基础测绘生产和服务过程中数据密集，数据输入输出（IO）吞吐量大，不同的生产和服务场景对每秒进行输入输出量或读写次数（IOPS）要求也不一样，需要依托云存储技术来构建统一且高效的数据存储环境，需要依托云计算技术来构建一套弹性、按需的计算环境，需要借助云服务引擎来加快实现对传统服务方式的升级和云架构的迁移。

2. 从业务主要特征分析支撑技术需求

（1）海陆兼顾的技术需求

新型基础测绘要实现海陆兼顾，首先要实现陆地基准与海洋基准的衔接，其次是陆地基础地理信息要素与海洋基础地理信息要素的衔接与融合，衔接和融合的区域在于近海、岸线、滩涂和岛礁，衔接的内容涉及要素的分类与表达。同时地理要素空间信息趋于三维化，陆域要素在采集过程中丢失了对高程信息存储，海域要素重点体现了水下高程信息，所以对于地理要素的采集和存储要达到三维化，突破传统平面二维测绘技术，走向现代空间三维测绘技术。

（2）联动更新的技术需求

新型基础测绘要实现联动更新，最关键是要解决更新来源多样化带来的多源数据融合更新技术问题，比如横向的多种地理信息数据库之间的联动更新、纵向的多尺度地理信息数据库之间的联动更新、从地形要素到地图产品的联动更新、从空间图形对象到统计分析图表之间的联动更新（国情统计分析有体现）等。其中横向与纵向的地理信息数据库之间的联动更新问题，其实是要素模型的问题，需建立基于实体对象的地理要素数据模型，要素是对地球上对应的地理实体的描述，在不同分辨率上对同一地理实体可表达为不同的矢量对象类型（点、线和面）；要素通过赋予它唯一的、永久的标识码来识别，一组属性和所链接的空间对象来描述。永久的要素标识码将不同分辨率和不同范围内的同一要素相互连接起来，作为不同尺度间矢量数据级联动更新的基础，也作为挂接其他专题信息的桥梁。

（3）按需服务的技术需求

新型基础测绘要实现按需服务，核心是要解决地理实体对象化的技术问题。目前，技术手段实现了地理要素的分层分类，但没有解决地理要素实体化，面向对象的统计和空间分析等地理信息技术应用较难适应，未来应建立基于实体对象的地理数据框架。第一，需要确定地理实体的空间分布与位置、自然属性，以及地理实体的管理属性、经济社会属性。第二，还需要解决数据精细化的技术问题。一方面空间精度要反映人类活动和经济发展状况，另一方面采集信息内容要进一步丰富，能够通过实体对象关联衔接其他专业部门信息。第三，需要解决位置关联化的技术问题。目前基础地理要素和行业专题要素在语义层面较难协调统一，但是同一个实体对象在位置上的关联是基本可确定的，因此，基于位置的基础地理要素与行业专题要素的一致性关联是一条技术途径。第四，需要解决产品定制化的技术问题。要建立面向生产更新的地理要素数据库，从面向产品的生产，转向面向要素自动提取的生产，通过 ETL 技术实现一套地理要素数据能够满足多种产品定制。第五，需要解决个性化服务的技术问题。针对不可预知和不胜枚举的用户需求，需要一种技术环境（包括数据和软件功能）供用户来定制产品和服务内容，如互联网在线制图等。

（4）开放共享的技术需求

新型基础测绘要实现开放共享。第一，要解决测绘地理信息部门内部的地理信息数据开放共享技术难题，比如网络地理信息共享技术、网络地理信息应用技术、网络地理信息数据安全使用技术等。第二，要解决测绘地理信息数据融入国家大数据体系框架的技术难题，比如测绘地理信息数据的开放内容与接入方式等。第三，在当前的网络环境和安全保密政策下，地理信息数据共享是以服务接口方式为主，随着国家大数据行动计划的推进，政务网环境进一步优化，数据共享技术手段将扩展到多个行业间数据互操作和数据融合分析的方向。

# 二、支撑技术总体框架

1. 框架构建思路

（1）系统化设计

系统化设计新型基础测绘的支撑技术体系，充分结合信息技术、空间技术和网络技术等高新技术，以最优化设计、最优控制和最优管理为目标，采用先整体后局部的思路，统筹考虑基础设施、标准规范、技术装备、业务管理等各个方面的内容。

（2）模块化研制

在体系化设计的基础上，利用模块化的思想来划分新型基础测绘的支撑技术体系，将其划分为多个相对独立的分系统模块进行研制。各分系统模块之间相对独立，且可单独地被理解、建设、管理和应用。

（3）组合化应用

将新型基础测绘的支撑技术体系分系统建设内容分解为若干个子功能单元，然后在实际应用中根据新的需求再进行有机结合，形成新的功能集合。组合化是在建立统一化成果多次重复利用的基础上，通过改变这些单元的连接方法和空间组合，使之适用于各种变化的条件和需求，保障整个支撑技术体系建设成果的有效使用。

2. 总体框架构想

从系统化设计思路上看，新型基础测绘的支撑技术体系建设包括一个数据中心以及管理、生产和服务三个体系共四大建设内容。

从模块化研制思路上看，新型基础测绘支撑技术体系的四大建设内容可分解为测绘基准分系统建设、数据获取分系统建设、数据处理分系统建设、数据质检分系统建设、资源管理分系统建设、公共服务分系统建设、业务管理分系统建设、基础支撑分系统建设等八项分系统建设模块，涵盖从数据获取、处理、管理到服务应用的全生命周期，形成新型基础测绘的支撑技术体系总体建设框架。

## 三、支撑技术构成

### 1. 测绘基准分系统

该系统的主要内容包括：一是测绘基准改造与维护，实施卫星定位基准站北斗化改造，将现有空间定位、高程、重力基准向海域方向延伸，形成陆海一体，大地、高程和重力网三网结合的高精度测绘基准体系。二是基准数据处理与建设，完善测绘基准数据处理系统，实现对测绘基准数据的实时快速处理与分析，生成动态地心坐标框架与高程框架产品，提供测绘时空基准信息服务产品；建设测绘基准数据库及库管系统，实现对测绘基准数据的统一管理和高效利用，提升基准数据分析能力。三是基准成果分发与服务，建成基准成果综合应用与服务系统，促进传统测绘基准服务向实时卫星导航定位服务、在线个性定制服务转变，提升测绘基准成果的社会化服务能力。

### 2. 数据获取分系统

该系统的主要内容包括：一是完善天空地水一体化影像数据源体系，建立从航天、航空、低空，到地面、水下等多个层次的遥感数据获取方式以及外业调查、测量等实测获取方式的获取技术体系，充分发挥激光雷达、倾斜摄影等新技术、新装备的优势，克服数据获取困难问题，实现全天时、全天候、全方位的地理信息采集获取。二是拓展互联网获取数据、物联网获取数据、终端采集数据、行业间共享交换数据等其他来源数据的获取技术应用。

### 3. 数据处理分系统

该系统的主要内容包括：一是针对不同数据源及产品类型，设计不同类型生产线，包括影像生产线、地理要素生产线、专题要素生产线、三维数据生产线及地图制作生产线，建立集中式处理与分布式作业相结合的数据处理系统，并制定与之配套的规范及措施，其中自动化处理部分在高效计算环境下集中完成，交互式处理需分配到桌面或者移动终端由多人协同完成。二是建立互联互通的网络环境，打造以任务驱动、工序衔接的智能化生产调度作业模式，建立全新的联动更新生产环境。三是结合数据生产更新技术流程，整合原始资料数据、生产过程数据及成果数据，建立相应的数据库，支持生产任务的资料分析和作业数据流转，以保证资料数据的充分利用和生产全程作业数据的规范化管理。

### 4. 数据质检分系统

该系统的主要内容包括：构建较为完善的集质检作业管理、数据质检、进度监控及质量信息管理于一体的数据质检分系统，该系统主要由质检作业管理系统、质检软件、质量数据库等构成。其中，质检作业管理系统用于进行质检作业管理、方案管理、质检任务管理、专家知识查询、质量检查、质量记录管理、质检报告管理和进度管理，可实现网络化的过程检查与最终检查、成果验收检查、测绘成果质量仲裁检验和地图审查、入库检查；质检软件主要包括成果检验软件和地图审查软件，用于进行质量检查和质量评价及按照标准格式反馈质检结果，最终实现质量检查与地图审查；质量数据库用于存储和管理质量数据，以便后期进行质量查询、统计和报表输出。

5. 资源管理分系统

主要内容包括：一是档案资料数据库、生产资料数据库、基础地理信息综合数据库、资源目录数据库等的建设，实现局域网上生产资料、过程数据、成果档案、面向服务的产品数据等内容的分布存储与统一管理。二是以此构建新型基础测绘数据资源管理平台，实现影像数据、基础地理信息成果数据、专题数据、档案资料数据、内部资料等数据资源的统一管理和集成展示，打造全局的数据资源管理中心，为生产更新和地图制图等生产环节提供数据保障，为成果分发与公共服务提供数据来源，满足数据资源的智能管理与共享交换，保障数据资源的分发与应用。

6. 公共服务分系统

主要内容包括：一是基于基础地理信息资源目录数据库，构建基础地理信息资源目录服务系统，开展统一的基础地理信息资源目录服务，满足局内部用户、政府用户、社会公众用户对基础地理信息资源的检索需求。二是改变"分散式"分发业务办理模式，统一出口，升级基础测绘成果分发服务系统，打通与各数据库、产品制作系统之间的通道，实现数据在局域网内的在线提取、调用与推送，实现内外网分发一体化，提高工作效率。三是提升数据整合加工与产品快速制作能力，进一步丰富服务产品，完善服务方式，拓宽服务渠道，升级地理信息公共服务平台，强化以基准服务、导航服务为代表的位置服务能力以及面向地理信息领域的集成服务能力，逐步形成集产品加工、按需服务等于一体的信息化测绘服务体系，实现各种网络环境下的地理信息综合服务。

7. 业务管理分系统

主要内容包括：构建全局统一的业务管理信息资源数据库及信息化管理基础平台，并在此基础上建设面向局机关、生产院、质检站及信息中心的业务管理信息系统，对各单位的项目、人员、设备、经费等进行管理，实现复杂网络管理环境下业务管理流程的多级联动和管理信息的互联互通，提升测绘业务管理信息化水平。

8. 基础支撑分系统

主要内容包括：一是利用云计算等新一代信息技术构建集中的数据中心机房，不断充实完善软硬件设施设备，加快形成满足生产、管理、服务信息化需要的网络、存储和服务器等基础设施环境，为上层的系统提供弹性按需的存储、计算和服务能力支撑。二是注重政策标准在体系建设中发挥的支撑作用，强化对现有相关标准的整理、改造和利用，并根据新一代信息技术在测绘地理信息中的应用进行丰富和完善，提高其对测绘科技进步的适应性；尤其要加大力度完善测绘业务流程、服务和产品质量控制与评价等方面的标准，同时注重加强系统运维、部门职责等方面的制度规范建设。

# 第三节　现代测绘基准关键技术

近几十年来，随着全球导航卫星系统的快速发展运用，直接利用空间卫星对地面目标进行定时和测距的空间交会定位已成为现实，彻底改变了传统的测绘基准技术。当前，现代化测绘基准技术已经形成，适应新型基础测绘发展需要的现代化测绘基准技术主要体现在以下四个方面：

## 一、基于卫星的空间大地测量技术

传统的大地测量是基于地面上的测边、测角技术进行平面位置的精确定位。从 20 世纪 60 年代开始，美国就开展了卫星导航系统的研究开发，1994 年美国国防部建成了新一代的导航卫星定时测距全球定位系统，简称 GPS 系统。基于分布有序的 24 颗工作卫星组成定位星座，由此开创了卫星空间大地测量的新时代。随后，俄罗斯于 20 世纪末建成了格洛纳斯（GLONASS）系统，欧洲空间局也在筹建伽利略系统，我国也于 2015 年建成了覆盖亚太区域并于 2020 年覆盖全球的北斗（BD）卫星导航系统。另外，现代大地测量技术通过在地面建立卫星导航定位基准站，持续接收导航卫星发射的信号，采用差分卫星定位技术，解决卫星空间定位中影响精度高低的多个误差问题，比如可见卫星数量及其几何分布、卫星信号传播误差（电离层折射、对流层等对定位卫星信号的延迟、多路径效应等）、卫星轨道偏移、卫星原子钟精度等，进而得以实现高精度的定位。

## 二、基于似大地水准面模型的高程测量技术

传统的高程基准的建立与高程传递是基于地面水准测量技术进行的，以此获取观测点的精确高程（正常高）。所以，长期以来主要依赖于水准测量的技术手段，以及辅助性的三角高程测量来获取高程数据。卫星空间大地测量兴起之后，21 世纪初我国建立了新一代的大地基准"2000 国家大地坐标系"，重新定义了参考椭球面的参数，通过卫星导航定位测量可以快速便捷精确地获取观测点的大地高。在此基础上，通过大地高进行高程异常改正达到的高程精度，可以满足基础测绘测图的精度要求，而不需要四等、等外水准测量，大大地促进了基础测绘效率的提高。

这就是说，在新型基础测绘中，卫星导航定位大地高加高程异常改正获取正常高，将成为航空摄影测量、城市测绘常态化的技术方法。

## 三、基于多源重力测量构建重力场模型的技术

传统的重力测量，一般都是在地面的重力点上进行绝对重力与相对重力测量，构建重力网进行平差，获得基准重力点、基本重力点的重力数据。随着船载重力测量、机载重力测量和星载重力测量科学技术的发展，各种实用化技术装备陆续进入测绘市场，大大促进了重力测量的发展与普及。通过重力加密填补漏洞，重力数据越来越丰富，精度也有了很大提高，在此基础上对多源重力测量数据进行融合处理，构建高精度重力场模型。这一模型不仅为重力基准的建立提供了高分辨率的基本重力数据，而且为构建高精度的似大地水准面模型奠定了坚实的基础，进而利用卫星大地测量的手段逐步取代地面高程测量的技术方法。这也将是未来支撑新型基础测绘发展的关键技术。

## 四、基于潮汐模型与深度基准面的水深测量技术

虽然理论深度基准面作为我国的深度基准已经有数十年时间了，但实际工作中，仅能依靠分布于沿海、数量有限的验潮站观测得的长期验潮数据，建立潮汐模型来获得深度基准点。由于没有对验潮站采取全国统一的高精度水准连测与定期复测，这些验潮站就没有建立相对严格的高精度高程基准面，所以得到的仅仅是一个个孤立的深度基准"点"，没有真正形成覆盖我国整个海域的深度基准"面"。因此也不可能开展全国海域统一的水深测量。

经过全国海岛（礁）测绘，建立了全国陆海一体的似大地水准面模型，使陆海范围内通过卫星导航定位大地高进行长距离高程传递成为可能；再通过全海域的精密潮汐模型、平均海面地形模型构建提供使用的理论深度基准面模型，这就给全国海域的水深测量奠定了可靠、统一的基础。

在新型基础测绘建设工作中，仍需要持续完善深度基准面模型，为构建海陆一体、高精度的现代化测绘基准提供有力支撑。

# 第四节　基础地理信息获取与处理技术

## 一、海洋地理信息获取与处理技术

所谓"海洋地理信息资源"，主要是指海洋的水深与海底地形（包括地貌与地物）数据，并于数据获取后根据其水深测量的原理与方法进行数据处理。

1. 水深测量与水下地形测量技术

支撑新型基础测绘的水深测量与水下地形测量技术主要有以下三种：单波束（包括单

频、双频）水深测量、多波束水深与水下地形测量、机载激光雷达（LiDAR）水深与水下地形测量。

（1）单波束水深测量

利用声波测距原理测量水深，是一种点式水深测量方法。单波束测深仪由发射换能器、发射机、接收换能器、接收机、显示器、电源等构成，安装在测量船下。进行测量时，发射换能器垂直向水下发射一定频率的声波脉冲，以声速在水中传到水底经反射或散射返回，被接收机换能器接收。为了求得正确的水深数值，对回波测深仪所获得的测深数据还需要进行改正处理。

单波束测深仪有单频、双频之分。其中双频测深仪可以同时垂直向下发射高、低频两种声脉冲，高频声脉冲只能打到沉积物的表层，而低频声脉冲有较强的穿透力，可打到硬质层，两个声脉冲所测深度之差便是海底的淤泥厚度。单波束测深仪体小轻便，安装简单，使用起来方便灵活，一般常用于内陆水域以及沿海小范围海区的水深测量。

（2）多波束水深与水下地形测量

所谓多波束，顾名思义是由多个单波束集成的，是一种面式水深测量方式，常用于大陆架、大洋等大范围海域的水深测量。

如4波束扫海测深仪就是由4套发射、接收换能器以及同步控制器、图示记录器组合而成，4套换能器分别安装在测量船上，安装方式通常有舷挂式和悬臂式两种。

多波束测深系统发射的不是一个波束，而是形成具有一定扇面角的多个波束。因此，多波束测深一次能获得与航线垂直平面内几十个甚至上百个水深点，能快速、精确测定沿航线一定宽度内水下目标的大小、形状、最高点和最低点，可依靠描绘水下地形精细特征，实现海底地形的面测量。

多波束测深系统是由多个子系统组成的综合系统。其中，多波束声学系统（MBES）负责波束的发射与接收；多波束数据采集系统（MCS）完成波束的形成，将接收到的声波信号转换为数字信号并反算成距离或记录其往返时间；数据处理系统基于计算机工作站，对接收到的水深数据包括声波测量、定位、姿态、声速剖面和潮汐等信息再进行处理，计算波束脚印的坐标和水深，绘制海底平面或三维地形图；外围辅助传感器包括定位传感器、姿态传感器、声速剖面仪和电罗经，主要测定测量船的瞬时位置、姿态、航向以及海水中的声速传播特性。

多波束测深数据的处理主要包括如下计算过程：

1）姿态改正；

2）船体坐标系下波束在海底投射点位置的计算（需要船位、潮位、声速剖面、波束到达角和往返程时间等参数）；

3）波束投射点地理坐标系的计算；

4）波束投射点高程的计算。

（3）机载激光雷达水深与水下地形测量

机载激光雷达是一种集激光、全球导航卫星系统和惯性导航系统（INS）三种高新技术于一身的空间测量系统，能同时完成陆地和水下地形测量，特别适用于大范围的海岸带测绘，以及海岛（礁）林立、测量船难以进入的海区、滩涂。但在实际工作中，该技术对水质的要求较高，一般只能测量50~70米的水深。

机载双色激光雷达水深与水下地形测量是一种面式扫描的水深测量方法，主要在飞机上安装波长1064纳米的红光和波长523纳米的绿光激光测距仪。飞机按航线飞行时向海面同时发射两种激光，红光遇到海面时反射，绿光则透射入海水，到达海底后反射回来；接收到两种激光的时间差相当于激光从海面到海底传播时间的两倍，由此即可计算出海面到海底的深度。

2. 海洋水深与水下地形测量采用的技术方法

海底地形按其深度剖面可划分为潮间带、大陆架、大洋三大类，针对不同的海底地形类别，所采用的测量技术方法也各不相同。

（1）潮间带测绘采用的技术方法

潮间带处于平均大潮最高高潮位与最低低潮位之间，时刻都受潮汐的直接影响，测量船难以开展正常作业。所以，潮间带测绘是长久以来公认的测绘难题。目前，潮间带测绘主要采用两种方法：

1）利用机载双色激光雷达测深的技术方法（最好同时配置数字航摄仪）。该方法主要采用双色激光雷达测深仪对整个潮间带，以至上到陆地、下到大陆架进行一体化测绘。基于获取的激光点云数据与光学影像，可以生产陆地与水下的数字高程模型、数字正射影像图、数字线划图以及数字地形图，同时也包含水深及水下地形数据。根据精密潮汐模型、平均海面高程模型等参数，可以推算所测地区海岸线的1985国家高程、平均海面的1985国家高程以及理论深度基准面的1985国家高程模型，由此在图上测绘出海岸线、平均海水高程线、0米等高线、0米等深线等海洋要素极为重要的标志线。

2）利用低潮位航摄与高潮位海测相结合的技术方法。在海水面处于低潮位时，采用航摄机或无人机沿海岸线进行航空摄影，能最大限度地获取低潮位以上的滩涂信息，对影像模型进行定向，即可对露出海面的滩涂进行立体测图，得到海岸线以下的水深及水下地形数据；在海水面处于高潮位时，采用有人船或无人船船载测深仪进行水深及水下地形测量。高、低潮位之间就是水深测量的重叠区，既可以用于接边，也可以用来相互检验，评估其精度。

（2）大陆架测绘采用的技术方法

我国大陆架水深通常从几米到数十米，一般根据实际海况可以选择采用经济适用的单波束或多波束测深仪，以及测深侧扫声呐系统对水深和水下地形进行测量。

（3）大洋测绘采用的技术方法

大洋海域宽广，海水深度很深，必须采用快速、高效的多波束测深仪、高分辨率测深侧扫声呐系统，甚至可基于水下机器人进行水下地形测量，如利用水下载人潜水器、水下自控机器人（AUV）或遥控水下机器人（ROV），集成多波束系统、侧扫声呐系统等船载测深设备，结合水下差分全球定位系统（DGPS）技术、水下声学定位技术实现水下地形测量。

水下机器人还可接近目标，利用其测量设备获得高质量的水下图像、图形数据。我国"大洋一号"上的 6000 米水下自控机器人 AUV 就安装了测深侧扫声呐、浅地层剖面仪等设备，用于大洋海底地形测量。

## 二、水下地理信息资源获取技术

除了海洋的水深及水下地形测量，内陆地区的大江大河、湖泊、水库也需要开展水深及水下地形测量。由于陆域单个的水体相对于海洋面积小、深度也浅，水下测量相对容易，一般多采用简单而有效的水深测量技术。

1. GNSSRTK 网络定位 + 水深测量技术

陆地河流、湖泊主要利用水域周边的卫星导航定位基准站进行网络实时动态（RTK）测量，如没有基准站可以自建基站开展卫星导航定位系统差分定位，测定测量船测深点的平面位置坐标，再通过船上的测深设备测量其水深。

2. 单波束水深测量技术

可在有人船或无人测量船上安装单波束测深仪，依托基准站或自建基站自动进行测深点坐标及其水深的测定。

## 三、城市地理信息资源获取与处理技术

地理信息数据的获取与处理可以按精度进行划分，城市地理信息资源属于最高精度的数据，主要获取和处理空间位置、空间属性和空间关系。

随着近年来软硬件技术的快速发展，倾斜摄影测量技术和移动测量技术逐渐成为城市地理信息资源的主要获取手段。利用倾斜摄影测量和激光雷达技术能快速生产出高精度的三维立体模型，主要基于优于 0.1 米分辨率（甚至达到 0.2 米分辨率）倾斜航摄影像和智能化程度很高的三维数据处理技术等。利用移动测量车技术能获取街景影像和激光雷达点云，点云精度最高可以达到厘米级。

这两种空基和地基的激光雷达技术是一项全要素的三维建模技术，可以对点云进行自动提取和分类，已成为今后一段时期城市地理信息资源建设的主要支撑技术。

## 四、网络众源地理信息获取技术

随着云计算、大数据、物联网等信息技术的蓬勃发展，及其与现代测绘地理信息技术的融合发展，基础测绘生产服务方式将发生巨大变革。广泛存在于互联网和泛在传感网中

的与位置直接或间接相关的文本、电子地图、表等结构化和非结构化的用来表述空间特征的信息都可被定义为网络地理信息，其特有的多语义性、多时空与多尺度性、存储格式多样性、空间基准多样性等多源异构的特点也决定了需要新的技术与方法来解决网络地理信息数据获取及处理问题。

1. 网络地理信息的内容与分类

与传统地理信息相比，网络地理信息的消费者同时也是数据的生产者，这将会大大扩展地理信息的内涵与外延。依据其形成机制，可将网络地理信息分为网络关注点（POI）数据、网络基于位置服务（LBS）数据、网络自发地理信息（VGI）数据和含有空间数据的专题网站。

（1）网络关注点数据主要指电子地图中的地标、景点等符号，用以表示该空间位置所代表的政府部门、商业机构（加油站、百货公司、超市、餐厅、酒店、便利商店、医院）、旅游景点（公园、古迹名胜、公共服务设施）及交通设施（各式车站、停车场、超速照相机、速限标示）等内容，互联网环境中包含了海量的关注点数据，并且有着高精度、高准确性、更新周期短、免费使用等特点。

（2）网络基于位置服务数据是基于位置的服务（Web2.0时代催生出一类Web移动应用）应用产生的一类高时效性、高准确性的时空数据，它基于用户签到或系统上传的方式，自动实时记录用户的位置信息和运动轨迹，可通过各种空间分析来挖掘其中潜在的关联信息。

（3）网络自发地理信息数据，是指用户通过在线协作的方式，以开放获取的高分辨率遥感影像、普通手持GPS终端以及个人空间认知的地理知识为基础参考，创建、管理和维护的一类地理信息，网络环境中包含丰富的自发地理信息服务平台，如Open Street Map、Google Map等。自发地理信息数据有着现势性高、传播快、属性信息丰富、成本低、数据量大等优点，是传统地理信息更新手段的重要补充。

（4）专题数据是空间数据的一个重要组成部分，它包含了与空间位置相关的一系列社会、经济、人文信息，尤其是一些重要的统计信息。传统的专题数据获取方式是通过各类统计机构和政府部门获取，这些数据虽然有着一定的权威性和准确性，但时效性却非常低。在Web2.0时代，越来越多的专题网站中包含了空间信息，而且其中的很大一部分网站更提供了带有空间参照的坐标信息，如对于各种类型的房产网站来说，其网页源码中就包含了每个房产小区的经纬度。

2. 网络地理信息的获取方法

（1）API获取：利用开放的众源地理数据网站所提供的API接口可以实现权限范围内的结构化数据的直接访问及读取，用户只需进行简单的格式转换即可进行数据的重用。

（2）爬虫获取：首先对拟获取的地理空间信息建立索引关键字，构建高效率与高目标匹配度的搜索式，实现空间信息敏感地发现搜索。其次对从目标网站搜索得到的多源异构的目标地理空间信息以及与位置有关的文本信息等内容进行多种技术（分词技术、正则表达式技术、模板映射技术等）的解析与位置提取。最后对目标网站进行连接层次的分析，以确定网络爬虫对不同等级目标网站的爬取频率和内容选择。

3. 多源地理信息的互联与融合

（1）数据稀疏性及差异性：由于网络上不同数据源的数据生产相对独立，对物体的分类方法、分级标准、编码方式、时间版本、坐标体系等各不相同，因此从网络得到的数据往往是大量的碎片化的数据，不能满足知识发现与数据挖掘等进一步数据处理的要求。

（2）关联融合方法：对数据提取方式、冲突处理、编辑解决等内容建立规则，对多源、碎片化的数据进行抽取转换加载和互操作等关联处理，构建满足异构数据库和分布计算要求的统一的空间数据模型、属性数据模型、时空参照系等概念体系，实现概念体系下网络众源空间数据的规范表达。

（3）数据质量的检查与数据清洗：消除空间物体在不同的空间数据及属性数据模型中多次采集所产生的数据描述上的差异，通过对融合后的数据在进行几何、属性、拓扑、语义等方面的检查，实现网络多源地理信息的误差消除，冗余数据的剔除，减少同质性数据之间的冲突等。

4. 网络地理信息的知识发现与深度信息挖掘

经过数据的关联与融合等预处理，碎片化的多源网络地理信息数据具有大容量、实时性强等大数据的特点，再利用人工神经网络、支持向量机、遗传算法、回归学习、决策树等机器学习或深度学习方法对多源数据中蕴藏的特征和模式等深度信息进行归纳分析，对样本数据进行学习，并形成创新知识，完成数据到知识的转化，并将新获得的知识作为数据源进行地理信息的快速提取和及时更新。结合云计算、物联网等技术，将挖掘到的知识与模式应用于应急制图、早期预警、地图更新、城市规划、预防疾病传播等地理信息服务领域。例如，基于大量获得的网络出租车轨迹数据，不仅可以通过核密度聚类、腐蚀、中心线提取等过程处理，实现城市道路网数据库的更新与新增道路的发现，而且可实现与时间标签的结合，研究城市内部的活动规律及其时空分布特征，制作实时交通引导图及城市管理方案，与传统实地调绘的方法相比效率更高、成本更低、统计性更强。

## 五、卫星影像智能化处理技术

传统基础测绘沿用的卫星影像处理工序烦琐、门槛高、耗时久，导致地理信息延时或滞后服务，已难以满足按需服务、快速反应、精确评估的现实需求。在新型基础测绘发展过程中，需要融合专业技术与信息技术，以遥感影像实时处理新技术为主线，构建智能化的数据处理、变化发现与信息提取技术体系。

遥感数据处理凸显了数据输入输出密集和迭代计算密集的双重特征，对传统的数据存储与处理手段提出了巨大挑战，单一的计算模式难以满足海量遥感数据时代的高性能计算需求。卫星影像智能化处理技术结合内存分布式并行计算、CPU-GPU 协同计算等信息技术，打破了传统基于数据文件的处理模式，形成了无过程文件交换的像素级处理链路，实现了遥感影像数据从高精度几何定位、地形提取到正射影像制作、变化发现以及信息提取等各个关键环节的高效实时处理。

1.GPU 并行与 "零输入输出" 模式下的遥感影像实时处理技术

随着存储容量与技术资源性能的提升，直接采用内存存储和管理大规模在线数据成为解决遥感影像处理的数据输入输出密集型问题的重要方法。基于内存级的流式数据处理方法，在内存中完成连接点匹配、几何校正、快速拼接等处理环节，减少内存与磁盘间的数据交换次数，完成 "零输入输出" 模式的数据处理。

GPU 是为了解决图像渲染中需要复杂计算而设计的专用处理器，在累加的峰值频率和内存带宽上已表现出媲美甚至超过 CPU 的计算能力，在数据密集的通用计算方面显示出更强大的潜力。基于 CPU-GPU 协同处理机制，充分发挥了 GPU 和 CPU 各自的优势，用符合硬件体系结构的并行计算模型分析应用程序算法的计算复杂度和执行时间开销等，降低了计算复杂度，提高了算法并行度与计算效率。

2.深度学习方法支持下的变化发现与信息提取技术

传统的信息提取是利用光谱数据进行图像分割，基于少量样本数据进行监督分类的作业模式，海量的多源地理信息和遥感大数据没有得到充分的应用，信息提取的效率低、精度差。在新型基础测绘发展中，需要充分借鉴机器学习和人工智能的先进研究成果，开展自动化、智能化的变化发现与信息提取。通过构建适合遥感地物识别的多层卷积神经网络和构建少量目标样本的最佳特征表达，综合利用图斑的光谱、纹理和几何特征，自动从高分辨率遥感影像进行特征学习，利用多层非线性网络逼近复杂遥感分类问题，从海量的大数据里寻找和发现图像目标的内部结构和关系，提升变化发现与信息提取的准确性。

## 六、基于地理要素数据库的联动更新技术

随着卫星遥感影像获取技术与处理手段的不断革新发展、遥感影像产品的种类不断丰富，产品的生产周期不断缩短。传统基础测绘往往以遥感影像作为地物矢量数据采集资料来源，进行矢量数据的采集工作。新型基础测绘时代，遥感影像产品生产周期的缩短，给矢量数据的采集与生产提出了新的要求，急需发展基于地理要素数据库的联动更新技术，旨在更加科学、高效地管理矢量数据的生产过程，提高其生产效率。实际工作中，一方面要解决由于基础测绘分级管理（信息局管理 1 ：50000 及更小比例尺的地形矢量数据，省级测绘地理信息部门管理 1 ：10000 比例尺地形矢量数据，各市县级测绘地理信息部门管理 1 ：2000 和 1 ：500 比例尺地形矢量数据）导致的各级比例尺之间数据独立建库无法逐级联动的问题；另一方面，为了提高实际生产过程中的生产效率，需要解决在同一尺度下基础测绘数据、地理国情监测数据与天地图框架数据等多业务数据彼此联动、协同更新的问题。无论是跨比例尺数据间的逐级联动，还是多业务数据间的彼此联动与协同更新，都需要基于现有的矢量数据的生产作业模式与技术体系进行。

# 第五节　多元数据管理与服务技术

## 一、分布式地理空间数据库构建

国家依据地图比例尺对基础测绘成果实行分级管理，国家测绘地理信息局负责管理
1：5万及更小比例尺的基础地理信息数据，省级测绘地理信息部门负责管理 1：1万
和 1：5000 比例尺的基础地理信息数据，市县级测绘地理信息部门负责管理 1：2000、
1：1000 及 1：500 比例尺的基础地理信息数据。基础测绘成果分级管理的体制使得测
绘地理信息部门很难将各级比例尺的基础地理信息数据进行高度集中化的组织与管理，这
就造成各级比例尺数据之间关联度差，数据生产与建库工作彼此独立、生产效率低下；各
级比例尺数据彼此之间无法联动，数据现势情况差异较大，数据间的一致性无法得到保证。
而且，由于行政区划的原因，基础测绘的生产管理具有地域性，通常都是属地管理，如果
采用统一的集中式数据管理模式，则将无法体现各地各部门不同的实际需求。

因此，简单地采用分开独立建库、独立运行的管理模式，或者采用统一的集中式存储
与管理模式，均无法满足基础测绘成果管理的实际需求。分布式地理空间数据库的相关技
术是解决这一问题的有效手段。面向全国基础地理信息数据的分布式管理需求，采用分布
式地理空间数据库技术构建全国基础地理信息数据分布式组织的逻辑结构模型。

全国基础测绘分布式地理空间数据库的构建，是在原有省级、市县级集中式地理空间
数据库系统的基础上，采用多数据库协同技术，建立分布式地理空间数据库系统，实现对
分布的、异构的地理空间数据的共享交换与集成。全国基础测绘分布式地理空间数据库由
若干个省级地理空间数据库集成，每一个省级地理空间数据库由若干个市县级地理空间数
据库集成。这些相关数据库分布于由政务专网连接起来的省级、市县级地理信息中心或大
数据中心，并且在加入地理空间数据库系统之后仍具有自治性。各级地理空间数据库系统
均由地理空间数据库、文档数据文件系统以及元数据服务器组成。其中，地理空间数据库
存储测绘地理信息部门所管理的地理空间数据；文档数据文件系统管理与测绘地理信息部
门日常业务工作密切相关的其他非空间数据；元数据服务器管理用于描述测绘地理信息部
门所管辖的所有地理空间数据以及非空间文档数据的详细描述信息，通过发布与调用数据
交换与集成服务，实现与上、下级元数据服务器之间通信。

基于该逻辑模型，采用自下向上分布式数据库的设计方法，将已有的各级地理空间数
据库模式集成为分布式地理空间数据库系统全局模式。在全局模式之上就可以为访问全国
基础测绘数据的用户定义全局视图，全局用户也就可以使用全局统一的空间数据查询语言
访问全国基础测绘数据，而不需要知道其实际访问的地理空间数据的物理存储地址以及实
际文件存储格式。分布式地理空间数据库系统没有对参与其中的各地理空间数据库系统做

出任何改动，全局用户可以透明地访问分布式异构的空间数据源。分布式地理空间数据库管理系统如同一个虚拟的数据库，向全局用户提供全局数据。用于维护分布式地理空间数据库正常运行的关键技术包括：

1. 分布式多空间数据库系统的集成技术，即将物理上分布在各个场地上的空间数据库在逻辑上集成一个整体，其是多空间数据库系统的核心技术；

2. 分布式多空间数据库系统的全局空间索引，即对全局的空间数据建立全局的空间索引；

3. 空间查询的处理和优化，即自动地将全局空间查询语言转换为参与空间数据库对应的局部子查询，并以此生成最优的查询执行计划，交付给有关的本地地理空间数据库执行，并将综合返回的结果再返回给全局用户；

4. 并发控制，由于分布式地理空间数据库系统是集成已经存在的、异构的、自治的多个地理空间数据库，分布式地理空间数据库系统中的并发控制必须能够同步全局事务和局部事务。

## 二、定位服务、地图服务与影像服务融合

将定位、地图和影像服务相融合，形成了综合的位置服务。未来的地理信息服务更趋向于基于位置的关联服务。

1. 基于导航定位基准站网提供北斗卫星定位服务

2012 年 6 月，经国家发展和改革委员会批准，国家测绘地理信息局正式启动了国家现代测绘基准体系基础设施建设一期工程，历时 4 年时间，共投入 5.17 亿元，调集全国 31 个省、自治区、直辖市测绘地理信息单位的 3000 余名技术人员，在全国范围内建成了以卫星导航定位基准站为主体的高精度、三维、动态的现代测绘基准体系，并于 2017 年 5 月中旬通过了国家发展和改革委员会的竣工验收。与此同时，国家测绘地理信息局通过利用现代测绘基准工程、海岛（礁）测绘工程以及陆态网等建设的卫星导航定位基准站，组成 410 座规模的国家级卫星导航定位基准站网，同时利用省级测绘地理信息部门和地震、气象等部门建设的 2 300 余座卫星导航定位基准站，统筹构建了 2 700 多座站规模的卫星导航定位基准站网，建成了 1 个国家级的数据中心和 30 个省级的数据中心，共同组成了全国卫星导航定位基准服务系统。在新型基础测绘发展进程中，将利用地面的导航定位基准站网和服务系统等技术，提供集海量数据汇集、数据管理、数据处理分析、产品服务播发等多项任务为一体的北斗高精度定位服务。同时，根据用户性质和授权情况，面向社会公众、专业用户、特殊（定）用户等不同用户分别提供米级、亚米级、厘米级等不同精度等级的定位信息服务。国家级网、省级网和城市级卫星导航定位基准服务系统无缝接入和切换是该服务的关键技术，必须解决联网运行、一次注册、动态调用、跨层级网、跨区域漫游等技术问题。

2. 定位服务与地图服务的融合

基于北斗卫星导航系统提供的高精度定位服务和高精度的地图服务的融合，形成了北斗高精度位置服务平台。定位服务与地图服务的关键技术主要包括以下几个方面：

（1）基础设施软硬件及网络基于虚拟化技术

基础设施指高精度位置服务平台运行所依赖的软硬件环境、网络环境及机房环境等。基于虚拟化技术对软硬件及网络等基础设施在运营平台中作为虚拟化的资源来管理，提供基础设施的虚拟化资源管理系统，实现对设施层的日常运维管理。

（2）多源数据综合管理和更新技术

平台涉及的数据包括北斗定位数据、地理实体数据、高精度电子地图数据、各类专题数据及元数据等，是运营平台提供高精度定位服务的数据基础。平台提供的综合数据库管理系统可实现对各类数据的集成管理和日常维护更新。

（3）多样化服务构建技术

北斗高精度位置服务的入口是运营平台的核心层，其包括门户网站、基于互联网的北斗高精度位置服务系统、平台支持二次开发的应用开发接口以及运维管理系统等几部分。在数据层的这一基础上，通过将相应的数据和功能封装为服务，并以门户网站和应用开发接口两种形式对外提供服务。

# 三、一站式测绘成果分发服务

测绘成果网络化分发服务系统建设是测绘地理信息部门依法履行政府职能、强化测绘地理信息管理的有效手段。目前，我国已初步建成网络化测绘地理信息成果分发服务体系，内容涵盖全国 31 个省、自治区、直辖市测绘地理信息主管部门负责提供的测绘成果目录元数据，初步实现了国家级和省级测绘成果资源目录的集中展现和一站式服务。

在新时期，为更好地满足新型基础测绘建设等五大业务布局，需要进一步提升测绘地理信息成果分发服务能力。

1. 测绘成果分布式管理、集中发布

测绘成果分发服务的建设未来可从纵向布局和横向布局两个方面来进行。纵向布局，主要是针对基础测绘成果目录（包括汇交测绘成果目录）采取的布局方式，由各级测绘地理信息主管部门负责数据接入；横向布局，主要是针对非基础测绘成果目录（包括测绘馆藏成果和资料目录）采取的布局方式，各级测绘地理信息主管部门所属单位，其他行业部门、地理信息企业进行数据接入。建设形成 2+31+M+N 的整体架构，即 2 个主站点（国家基础地理信息中心、国家测绘地理信息局卫星应用测绘中心）、M 个行业站点、N 个地理信息企业站点，实现测绘成果分发的全国式覆盖，形成分布式管理、集中发布的分发服务体系。

**2.基于"互联网+"的测绘成果分发服务**

将测绘成果元数据推送到百度、谷歌等社会化搜索引擎，并构建基于社交网络的分发服务系统，实现测绘成果一定范围内的在线分发、在线支付，构建"淘地图"等新形式的数据分发业务体系和新的服务模式，改造测绘地理信息数据服务的传统模式。

## 四、地理信息资源目录服务与共享交换

大数据是国家基础性战略资源，全面推进大数据发展、推动政府部门数据共享，对国民经济和社会发展意义重大。加强全国地理信息资源目录服务系统建设是充分发挥测绘地理信息大数据集成、信息服务聚合的关键，更有利于实现便捷的地理信息资源查询与服务、跨地区跨行业的地理信息资源目录共建共享。

**1.地理信息资源目录服务与大数据共享**

不断完善全国地理信息资源目录服务系统，加快制定全国地理信息资源目录服务的大数据标准规范体系，明确测绘出地理信息数据共享的范围边界和使用方式，衔接政府数据统一共享交换平台，实现公共服务的多方数据共享、制度对接和协同配合。

**2.数据共享交换平台与开放平台建设**

建立测绘地理信息数据资源清单，按照"增量先行"的方式，加强对数据的统筹管理，加快建设测绘地理信息数据统一开放平台。构建遵循标准、面向服务架构的测绘地理信息数据共享交换平台，通过分布式部署和集中式管理架构，保障各节点之间数据及时、高效地上传下达，保证数据的一致性和准确性，并提供同构数据、异构数据之间的数据抽取、格式转换、内容过滤、内容转换、同异步传输等功能，实现数据的一次采集、多系统共享。

**3.地理信息资源目录数据联动更新**

采用"中介模式"的基于标准化元数据的多维地理信息统一注册方法，建立地理信息资源目录数据的注册库与发布库，实现多源、异构地理信息的统一管理，保障地理信息资源目录服务的时效性。建立数据唯一标识，实现对存储在不同数据库中地理信息数据访问、调度以及源数据与注册库信息的联动更新，实现对资源的调度管理；通过资源注册库与资源发布库的数据关联，建立起数据间的元数据联动更新机制，促进元数据变化检测及实时的联动更新，实现资源目录服务的实时性。

## 五、地理信息公共服务平台升级

地理信息公共服务平台是以基础地理信息资源为基础，以地理空间框架数据为核心，利用现代信息服务技术建立的面向政府、公众和行业用户的、开放式的信息服务平台。利用平台提供的电子地图服务、目录服务、地理信息技术功能服务等，推进政府部门内部地理信息资源共享，为国土、水利、房产、应急、公安等相关行业部门提供基础数据支撑，为企业、公众提供在线地理信息服务等。在提供最基本的空间定位服务的同时，对各种分

布式的、异构的地理信息资源进行一体化组织与管理。

通过"天地图"一期工程"天地图"1.X 版本和 2.X 版本建设，目前已经具备了基础测绘（地理信息）产品分发、地理空间框架数据定位、地理信息资源的整合和共享等功能，实现了各类信息（空间或非空间）的网络化服务。

随着云计算、大数据技术的快速兴起，在国家大力倡导"互联网＋"行动计划的政策背景下，用户对地理信息公共服务平台的功能和性能提出了更高层次的要求，服务平台的已有功能框架、平台体系结构已不足以支撑服务对象所面临的问题，需要加快改造升级，形成新的地理信息公共服务平台构架。

1. 完善平台现有功能

在现有功能基础上，完善"天地图"政务版和公众版的功能。实现全文检索、复合条件的地图查询、路径规划分析与导航、丰富地图 API 服务，实现对街景地图数据的支持和无缝接入，保证二维地图数据和三维地图数据一体化显示和浏览，实现对地名地址数据的在线更新，通过众包方式支持公众对地名地址数据的更新，提高更新频率。完善数据统计分析功能，实现数据按照 IP 区域、访问频度、数据类型等进行统计并可视化。

2. 拓展平台应用领域

为更好地满足用户搭建应用系统的需要，除提供一套完善的地图 API 外，还提供一套更全面的可支持用户快速搭建业务应用系统的二次开发框架，将底层功能组件化，用户通过简单的功能组装和布局，即可搭建一套个性化的满足自身业务需求的应用系统。

完善"天地图"前置服务，增强前置服务的易扩展、易部署、易更新维护的能力，提供安装更新包步骤化安装和绿色安装两种模式。步骤化安装更新通过详细的交互界面，实现数据更新和配置；绿色安装可在一键式启动后，不需要修改任何配置信息，即可实现一键式替换旧版本。

3. 实现平台云架构迁移

为保证公共服务平台具备更高的可用性、数据的一致性以及后续升级维护的扩展性，满足更多用户同时跨省域、跨层级并发访问，需要将目前平台的集群服务式架构向云架构迁移。通过云计算技术整合、管理、调配分布在网络各处的计算资源，以按需配给的方式实现网络环境中软硬件资源和信息的共享。通过云存储技术将网络中各种不同类型的存储设备通过应用软件集合起来协同工作，共同对外提供数据存储和业务访问功能。

4. 提升平台自动运维能力

为降低平台的运维成本，提高平台运维质量，针对云计算环境的特点，提供虚拟化环境下的快速安装部署能力，支持系统运行所依赖的各类服务器资源节点的水平扩展，提高云部署的能力。在平台运行过程中，基于平台存储资源现状，动态调配存储设备，水平扩展存储容量；依据当前服务并发性能情况，参照理想的服务访问效率，动态调配负载均衡服务器、应用服务器等相关服务器资源配置，减少并发访问压力，保障服务响应效率。

在现有软硬件资源运行设备监控的基础上，提升系统业务监控能力，实现对访问用户和热点区域的动态监控。记录系统注册用户及公众用户的访问信息，并基于访问信息对用户类型、用户访问时间分布、IP分布、每一类用户关注的服务信息等内容进行统计分析。通过对用户访问的数据服务范围进行记录，汇总分析并计算出用户密集访问的地图区域，掌握用户关注的热点区域及内容，为运维单位更新数据频率提供决策依据。

## 六、互联网在线制图与产品定制平台

受网络带宽和传统 Web 技术的影响，栅格瓦片技术逐渐成为互联网地图服务的主流技术。因此，传统的 Web 地图服务大部分是基于栅格瓦片，提供一种静态的地图服务。栅格瓦片的应用过程包括矢量要素数据渲染→地图切片→网络传输→浏览器栅格拼接，通过标准的 OGC 服务请求来完成地图服务的应用。随着地图应用场景的不断深化，用户对于地图的定制性、动态性和交互性提出了更强烈的需求，传统的栅格瓦片地图服务愈显捉襟见肘。矢量瓦片是一种新型的地图瓦片格式，应用过程包括矢量要素数据切片→互联网传输→浏览器端渲染→栅格拼接，其能够有效解决栅格瓦片带来的问题。

1. 矢量瓦片技术

矢量瓦片技术是栅格瓦片的替代技术，是传统栅格瓦片的矢量化编码，其去除了栅格瓦片中的地图表达符号样式信息，仅包含地理要素的位置信息和属性信息，只传输构成地图的框架要素数据信息。由于仅包含地图的框架信息数据，矢量瓦片具有很高的压缩比，其尺寸在总量上比栅格瓦片小 70% 左右。

矢量瓦片与栅格瓦片可以共享坐标系统和切片规格，因而传统栅格瓦片的基础服务设施可不加改动地兼容矢量瓦片。而且矢量瓦片存储的位置信息并不是原始数据中的精确坐标，而是要素投影到屏幕上的屏幕坐标，因此完全不用担心矢量瓦片的数据安全性问题。

同时，矢量瓦片将地图渲染过程前置化，瓦片渲染过程前置到客户端（浏览器端），不仅使用户能够更灵活地控制地图样式，而且缩短了地图瓦片生产工艺流程，使用户对地图的表现形式具有更多的控制力，可以实现更多样式的自定义地图制图、更流畅的时空数据动态演变和更强的用户交互功能。

相比传统的栅格瓦片，矢量瓦片更轻量、更高效、支持自定义样式、无级缩放不失真并具有更流畅的动态渲染效果。当前流行的互联网地图服务如百度地图、高德地图和谷歌地图都已完成了从栅格瓦片到矢量瓦片的升级，因此构建基于矢量瓦片的互联网地图服务已是大势所趋。

2. 基于矢量瓦片的互联网在线制图与产品定制平台

矢量瓦片可以使用户更灵活地控制地图样式，因此天然地适合互联网在线制图。基于矢量瓦片构建互联网制图与产品定制平台，主要模块包括制图工程管理、瓦片数据集管理、字体库管理、符号库管理、制图编辑器、制图输出与共享等模块。其中，制图工程管理包括制图工程新建和删除、地图模板的配置；瓦片数据集管理包括用户数据上传和切片、瓦片元数据的维护；字体库管理包括平台字体和用户上传字体的管理；符号库管理包括用户上传符号库的处理和发布；制图编辑器提供图形化的界面，供用户调用瓦片、字体和符号资源，完成地图样式配置、图例生成以及基本的图廓整饰；制图输出与共享将在线制作好的地图输出成高分辨率的图片格式文件，并提供基本互联网的地图分享。

3. 互联网在线制图与产品定制平台的应用前景

基于矢量瓦片构建的基础制图平台可以支撑多种行业应用，即"一个平台，多套应用"。首先，其基于栅格瓦片地图服务的功能来发布标准化的电子地图。其次，其立足于基础制图平台本身，可将传统基于本机的制图业务搬到互联网上，用户在网页上即可完成地图配置，实现方便制图、快速出图，如制作新闻多媒体地图、应急辅助决策用图等。制图平台也可以接入遥感影像资源，用户可以方便地标注重要的专题要素完成影像制图，以应对重要突发事件环境下应急制图的要求。基础制图平台的数据和地图资源非常易于共享和发布，行业用户和公众能够轻松地接入平台获取所需资源。因此基础制图平台也可以作为资源共享发布平台，各部门的空间数据部署在各自的服务器上，以矢量瓦片的形式发布到同一个平台上，进行多个专题数据的叠加渲染和互操作，既保障了数据的安全性又提升了空间数据资源的互操作性。

# 第六节　生产管理信息化技术

长期以来，各级基础测绘年度计划之间缺乏有效衔接，国家对地方、省上对省下基础测绘年度计划编制和调整的统筹指导力度相对不够，在一定程度影响了全国基础测绘的整体协调发展。为此，需加强生产计划统筹调度技术应用，对生产任务进行综合统筹规划与管理，构建多级生产与服务管理信息资源库、业务管理信息化平台，并在此基础上搭建各类业务管理系统、综合计划管理与决策支持系统来实现对各级各类测绘地理信息业务部门的生产计划、项目任务、项目进度、项目质量及人员、装备、经费等内容的网络化、流程化、自动化管理，实现复杂网络管理环境下业务管理流程的多级联动和管理信息的互联互通，提升全国基础测绘生产计划统筹调度能力。

## 一、业务管理数据库构建

业务管理数据库是测绘地理信息生产与服务业务管理信息的集合。通过采集、交换、汇集、存储等手段，在国家局、直属局或省局、生产单位等各级节点建立各类数据库，共同构成测绘地理信息生产与服务管理业务资源数据库，为各类业务管理和综合决策分析提供数据支撑。数据库分为业务管理应用数据库和综合决策分析数据库，其中，业务管理应用数据库主要包括各级生产服务业务管理中涉及的机构和人员信息库、经费信息库、装备信息库（设备、软件等信息）和项目信息库，不同管理级别对业务管理信息和综合决策分析信息管理力度不同。

在数据库建设中，需规范各级测绘地理信息部门的业务管理信息资源分类、数据库建设内容，明确数据库更新维护职责和应用权限等。国家局、直属局或省局、生产单位的数据库建设应从应用需求的迫切程度、应用的深度和广度出发，明确数据库建设的先后顺序、建设规模和数据粒度，优先进行业务管理应用数据库建设。

## 二、业务管理信息化平台构建

业务管理信息化平台将为各类业务管理应用系统的建设、运行、协同提供统一支撑，其主要内容包括为各类业务应用系统提供统一身份认证和单点登录等统一接入服务，提供业务数据、业务流程、业务表单、地图服务、统计报表等建模服务，提供内外网数据交换等交换服务。

业务管理信息化平台与各类业务管理系统配套使用，能够集成项目管理系统、装备管理系统、财务管理系统、人员管理系统等各类业务系统，满足新型基础测绘项目的全过程规范化运行管理。

## 三、各类业务管理系统构建

业务管理系统主要用于支撑新型基础测绘业务的全国统筹、分级管理，其能够为各级测绘地理信息管理部门协同提供基础测绘核心项目管理业务服务及相关的人员管理、经费管理、装备管理服务，并同时为各级测绘地理信息领导机关提供决策所需的业务管理信息汇总、分析服务等。业务管理系统分为国家级业务管理系统、省级业务管理系统及生产院级的生产业务管理系统、质检业务管理系统和服务业务管理系统。

1. 国家级和省级业务管理系统

国家级和省级业务管理系统通过网络化、流程化、自动化的方式，来实现基础测绘项目的项目立项、计划编制、技术设计、组织实施、验收、监督检查等全业务流程的信息化管理，为基础测绘项目的科学化、规范化管理提供信息化手段，有效督促各环节工作优质高效地落实。同时系统借助测绘地理信息业务信息管理平台的基础支撑能力，实现与生产业务管理系统、服务业务管理系统、质检业务管理系统等各类业务系统管理指令的下达、业务信息的交换，形成一体化的业务管理模式。

2. 生产业务管理系统

依托业务管理信息化平台，结合各级生产单位的实际情况建设的生产业务管理系统，将生产过程中的人员、设备、数据等要素进行入网受控管理，形成网络化、规范化和协同化的作业模式。同时，将合同、项目、产值、行政等业务纳入管理系统内统一管理，并实现与其他系统业务信息的实时交换。

### 3. 质检业务管理系统

按照国家质量检查标准，以业务管理信息化平台为基础，围绕质检项目申请、审批、下达、质量进度监控、质量信息收集和质量信息统计分析等测绘地理信息产品质检业务，结合质检站地图审查、仪器检定、技能鉴定、测绘产品质量监督检验等其他业务和日常辅助管理活动，建设面向质检站的质检业务管理系统，实现测绘地理信息成果质检、地图审查、仪器检定、技能鉴定，各类业务的项目管理、管理指令的下达、进度与质量控制等。

### 4. 服务业务管理系统

服务业务管理系统依托测绘地理信息业务信息管理平台，围绕各生产单位的各种项目，实现服务产品生产和提供项目的全过程管理及业务流程管控，形成流程化和规范化的业务办理与流转机制。

# 第二章　激光雷达测绘技术的理论与实现

随着科学技术的高速发展，学者对激光雷达模式进行一定程度的简化，设计出了激光雷达测距机。通过光频波段雷达向需要测量的目标发射探测信号，然后将发射的电磁信号与接收到的测量目标的相关数据进行对比分析，以便充分了解测量目标的相关数据。

但是，目前市面上有多种不同类型的激光雷达测绘系统，不同类型的雷达在实际应用过程中也有着不同的效果。因此人们要合理选择雷达类型，以确保激光雷达测量的准确性。

本章将对激光雷达测绘技术的概念进行阐述，并就地面三维激光扫描技术、机载激光雷达测量技术与应用方面的内容进行探讨。

## 第一节　概述

激光的英文"Laser"是 Light Amplification by the Stimulated Emission of Radiation（受激辐射光放大）的缩写。它是 20 世纪重大的科学发现之一，具有方向性好、亮度高、单色性好、相干性好的特性。自激光产生以来，激光技术得到了迅猛的发展，激光应用的领域也在不断拓展。物理学家爱因斯坦在 1916 年首次发现了激光的原理，1954 年科学家成功研制了世界上第一台微波量子放大器，1960 年世界上第一台红宝石激光器在美国诞生。目前，激光已广泛应用于医疗保健、机械制造、大气污染物的监测等领域，它常被用于振动、速度、长度、方位、距离等物理量的测量。

伴随着激光技术和电子技术的发展，激光测量也已经从静态的点测量发展到动态的跟踪测量和三维测量。20 世纪末，美国的 CYRA 公司和法国的 MENSI 公司已率先将激光技术运用到三维测量领域。三维激光测量技术的产生为测量领域提供了全新的测量手段。

三维激光扫描测量，常见的英文翻译有"Light Detection and Ranging"（LiDAR）"Laser Scanning Technology"等。雷达是通过发射无线电信号，在遇到物体后返回并接收信号，从而对物体进行探查与测距的技术，英文名称为"Radio Detection and Ranging"，简称为"Radar"，译成中文就是"雷达"。由于 LiDAR 和 Radar 的原理是一样的，只是信号源不同，又因为 LiDAR 的光源一般都采用激光，所以一般都将 LiDAR 译为"激光雷达"，也可称为激光扫描仪。

激光雷达具有一系列独特的优点：极高的角分辨率、极高的距离分辨率、速度分辨率高、测速范围广、能获得目标的多种图像、抗干扰能力强、比微波雷达的体积和重量小等。但是，激光雷达的技术难度很高，至今仍然尚未成熟。激光雷达仍是一项发展中的技术，有的激光雷达系统已经处于试用阶段，但许多激光雷达系统仍在研制或探索之中。由原国家测绘地理信息局发布的《地面三维激光扫描作业技术规程》（CH/Z3017—2015）（以下简称《规程》），于2015年8月1日开始实施，其对地面三维激光扫描技术给出了定义：基于地面固定站的一种通过发射激光获取被测物体表面三维坐标、反射光强度等多种信息的非接触式主动测量技术。

三维激光扫描技术又称作高清晰测量（High Definition Surveying, HDS），也被称为"实景复制技术"，它是利用激光测距的原理，通过记录被测物体表面大量密集点的三维坐标信息和反射率信息，将各种大实体或实景的三维数据完整地采集到计算机中，进而快速复建出被测目标的三维模型及线、面、体等各种图件数据。结合其他各领域的专业应用软件，所采集点云数据还可进行各种后期处理应用。

三维激光扫描技术是一项高新技术，把传统的单点式采集数据过程转变为自动连续获取数据的过程，由逐点式、逐线式、立体线式扫描逐步发展成三维激光扫描，由传统的点测量跨越到了面测量，实现了质的飞跃。同时，所获取信息量也从点的空间位置信息扩展到目标物的纹理信息和色彩信息。20世纪末期，测绘领域掀起了三维激光扫描技术的研究热潮，扫描对象越来越多，应用领域越来越广，在高效获取三维信息应用中逐渐占据了主要地位。

# 第二节　地面三维激光扫描技术

## 一、三维激光扫描系统基本原理

### 1.激光测距技术原理与类型

三维激光扫描系统主要由三维激光扫描仪、计算机、电源供应系统、支架以及系统配套软件构成。而三维激光扫描仪作为三维激光扫描系统的主要组成部分之一，又由激光发射器、接收器、时间计数器、马达控制可旋转的滤光镜、控制电路板、微电脑、CCD相机以及软件等组成。

激光测距技术是三维激光扫描仪的主要技术之一，激光测距的原理主要有脉冲测距法、相位测距法、激光三角测距法、脉冲—相位式四种类型。脉冲测距法与相位测距法对激光雷达的硬件设施要求高，多用于军事领域。激光三角测距法的硬件成本低，精度能够满足大部分工业与民用要求。目前，测绘领域所使用的三维激光扫描仪主要是基于脉冲测距法，近距离的三维激光扫描仪主要采用相位干涉法测距和激光三角测距法。激光测距技术类型详细介绍如下：

（1）脉冲测距法

脉冲测距法是一种高速激光测时测距技术。脉冲式扫描仪在扫描时，激光器会发射出单点的激光，记录激光的回波信号。通过计算激光的飞行时间（Time of Flight，TOF），利用光速来计算目标点与扫描仪之间的距离。

（2）相位测距法

相位测距法的具体过程是：相位式扫描仪发射出一束不间断的整数波长的激光，通过计算从物体反射回来的激光波的相位差，以此来计算和记录目标物体的距离。

（3）激光三角测距法

激光三角测距法的基本原理是由仪器的激光器发射一束激光投射到待测物体表面，待测物体表面的漫反射经成像物镜成像在光电探测器上。光源、物点和像点形成了一定的三角关系，其中光源和传感器上的像点位置是已知的，由此可以计算出物点所在的位置。激光三角测距法的光路按入射光线与被测物体表面法线的关系分为直射式和斜射式两种测距方式。

直射式三角测距法是半导体激光器发射光束经透射镜会聚到待测物体上，经物体表面反射（散射）后通过接收透镜成像在光电探（感）测器（CCD）或（PSD）敏感面上。

斜射式三角测量法是半导体激光器发射光轴与待测物体表面法线成一定角度入射到被测物体表面上，被测面上的后向反射光或散射光通过接收透镜成像在光电探（感）测器敏感面上。

（4）脉冲—相位式

将脉冲式测距和相位式测距两种方法结合起来，就产生了一种新的测距方法——脉冲—相位式测距法，这种方法主要利用脉冲式测距实现对距离的粗测，利用相位式测距实现对距离的精测。

2. 三维激光扫描仪的工作原理

三维激光扫描仪主要由测距系统和测角系统以及其他辅助功能系统构成，如内置相机以及双轴补偿器等。三维激光扫描仪由激光测距仪、水平角编码器、垂直角编码器、水平及垂直方向伺服马达、倾斜补偿器和数据存储器组成。

三维激光扫描仪的工作原理是通过测距系统获取扫描仪到待测物体的距离，再通过测角系统获取扫描仪至待测物体的水平角和垂直角，进而计算出待测物体的三维坐标信息。

三维激光扫描仪的扫描装置可分为振荡镜式、旋转多边形镜、章动镜和光纤式四种，扫描方向可以是单向的也可以是双向的。在扫描的过程中再利用本身的垂直和水平马达等传动装置完成对物体的全方位扫描，这样连续地对空间以一定的取样密度进行扫描测量，就能得到被测目标物体密集的三维彩色散点数据，称作点云。

3. 点云数据的特点

地面三维激光扫描测量系统对物体进行扫描所采集到的空间位置信息是以特定的坐标系为基准的，这种特殊的坐标系称为仪器坐标系。不同仪器采用的坐标轴方向不尽相同，通常将其定义为：坐标原点位于激光束发射处，Z 轴位于仪器的竖向扫描面内，向上为正；X 轴位于仪器的横向扫描面内与 Z 轴垂直；Y 轴位于仪器的横向扫描面内与 X 轴垂直，同时，Y 轴正方向指向物体，且与 X 轴、Z 轴一起构成右手坐标系。

三维激光扫描仪在记录激光点三维坐标的同时也会将激光点位置处物体的反射强度值记录，并将其称为"反射率"。内置数码相机的扫描仪在扫描过程中可以更方便、快速地获取外界物体真实的色彩信息，在扫描与拍照完成后，就可以得到点的三维坐标信息，也获取了物体表面的反射率信息和色彩信息。所以，包含在点云信息里的不仅有 X、Y、Z、Intensity，还包含每个点的 RGB 数字信息。

依据对深度图像的定义，三维激光扫描是深度图像的主要获取方式，因此激光雷达获取的三维点云数据就是深度图像，也可以称为距离影像、深度图、xyz 图、表面轮廓、2.5维图像等。

三维激光扫描仪的原始观测数据主要包括：根据两个连续转动的用来反射脉冲激光镜子的角度值得到激光束的水平方向值和竖直方向值；根据激光传播的时间计算出仪器到扫描点的距离，再根据激光束的水平方向角和垂直方向角，得到每一扫描点相对于仪器的空间相对坐标值、扫描点的反射强度等。

《规程》中对点云给出了定义：三维激光扫描仪获取的以离散、不规则方式分布在三维空间中的点的集合。

点云数据的空间排列形式根据测量传感器的类型分为：阵列点云、线扫描点云、面扫描点云以及完全散乱点云。大部分三维激光扫描系统完成数据采集是基于线扫描方式的，采用逐行（或列）的扫描方式，获得的三维激光扫描点云数据具有一定的结构关系。点云的主要特点如下：

（1）数据量大。三维激光扫描数据的点云量较大，一幅完整的扫描影像数据或一个站点的扫描数据中可以包含几十万至上百万个扫描点，甚至可以达到数亿个。

（2）密度高。扫描数据中点的平均间隔在测量时可通过仪器设置，一些仪器设置的间隔可达 1.0mm，为了便于建模，目标物的采样点通常都非常密。

（3）带有扫描物体光学特征信息。由于三维激光扫描系统可以接收反射光的强度，因此，三维激光扫描的点云一般具有反射强度信息，即反射率。有些三维激光扫描系统还可以获得点的色彩信息。

（4）立体化。点云数据包含了物体表面每个采样点的三维空间坐标，记录的信息全面，因而可以测定目标物表面立体信息。由于激光的投射性有限，无法穿透被测目标，因此点云数据不能反映实体的内部结构、材质等情况。

（5）离散性。点与点之间相互独立，没有任何拓扑关系，不能表征目标体表面的连接关系。

（6）可量测性。地面三维激光扫描仪获取的点云数据可以直接量测每个点云的三维坐标、点云间距离、方位角、表面法向量等信息，还可以通过计算得到点云数据所表达的目标实体的表面积、体积等信息。

（7）非规则性。激光扫描仪是按照一定的方向和角度进行数据采集的，采集的点云数据随着距离的增大，扫描角越大，点云间距离也越大，加上仪器系统误差和各种偶然误差的影响，点云的空间分布没有一定的规则。

以上这些特点使得三维激光扫描数据得到了十分广泛的应用，同时也使得点云数据处理变得十分复杂和困难。

## 二、三维激光扫描系统分类

目前，许多厂家提供了多种型号的扫描仪，它们无论在功能还是在性能指标方面都不尽相同，用户根据不同的应用目的，从繁杂多样的激光扫描仪中进行正确和客观的选择，就必须对三维激光扫描系统进行分类。

从实际工程和应用角度来说，激光雷达的分类方式繁多，主要有激光波段、激光器的工作介质、激光发射波形、功能用途、承载平台、激光雷达探测技术等。

1. 依据承载平台划分

依据三维激光扫描测绘系统的空间位置或系统运行平台来划分，可分为如下五类：

（1）星载激光扫描仪

星载激光扫描仪也称星载激光雷达，是一种安装在卫星等航天飞行器上的激光雷达系统。星载激光雷达是20世纪60年代发展起来的一种高精度地球探测技术，实验始于20世纪90年代初，美国的星载激光雷达技术的应用与规模处于绝对领先位置。美国公开报道的典型星载激光雷达系统有MOLA、MLA、LOLA、GLAS、ATLAS、LIST等。

星载激光扫描仪的运行轨道高并且观测视野广，可以触及世界的每一个角落，为其提供高精度的全球探测数据，在地球探测活动中起着越来越重要的作用，对于国防和科学研究具有十分重大的意义。目前，它在植被垂直分布测量、海面高度测量、云层和气溶胶垂直分布测量，以及特殊气候现象监测等方面可以发挥重要作用，主要应用于全球测绘、地球科学、大气探测、月球、火星和小行星探测、在轨服务、空间站等。

我国多家高校与科研机构开展了星载激光雷达技术研究。2007年我国发射的第1颗月球探测卫星"嫦娥一号"上搭载了1台激光高度计，实现了卫星星下点月表地形高度数据的获取，为月球表面三维影像的获取提供了服务，是我国发射的首例实用型星载激光雷达。近年来，国内多家单位也开始进行星载激光雷达的研究。

星载高分辨率对地观测激光雷达在国际上仍属于非常前沿的工程研究方向。星载激光雷达在地形测绘、环境监测等方面的应用具有独特的优势，未来典型的对地观测应用体现主要有构建全球高程控制网、获取高精度DSM/DEM、特殊区域精确测绘、极地地形测绘与冰川监测。

（2）机载激光扫描系统

机载激光扫描系统（Airborne Laser Scanning System，ALSS ； 或者 Laser Range Finder，LRF ；或者 Airborne Laser Terrain Mapper，ALTM），也称机载 LiDAR 系统。

这类系统由激光扫描仪、惯性导航系统、DGPS 定位系统、成像装置、计算机以及数据采集器、记录器、处理软件和电源构成。DGPS 系统给出成像系统和扫描仪的精确空间三维坐标，惯性导航系统给出其空中的姿态参数，由激光扫描仪进行空对地式的扫描，以此来测定成像中心到地面采样点的精确距离，再根据几何原理计算出采样点的三维坐标。

传统的机载 LiDAR 系统测量往往是通过安置在固定翼上的载人飞行器进行的，作业成本高，数据处理流程也较为复杂。随着近年来民用无人机的技术升级和广泛应用，将小型化的 LiDAR 设备集成在无人机上进行快速高效的数据采集已经得到广泛应用。LiDAR 系统能全天候高精度、高密集度、快速和低成本地获取地面三维数字数据，具有广泛的应用前景。

空中机载三维扫描系统的飞行高度最大可以达到 1km，这使得机载激光扫描不仅能用在地形图绘制和更新方面，还在大型工程的进展监测、现代城市规划和资源环境调查等诸多领域都有较广泛的应用。

（3）车载激光扫描系统

车载激光扫描系统，即车载 LiDAR 系统，在文献中用到的词语也不太一致，总体表达的思想是大致相同的。车载的含义广泛，不仅是汽车，还包括轮船、火车、小型电动车、三轮车、便携式背包等。

车载 LiDAR 系统是集成了激光扫描仪、CCD 相机以及数字彩色相机的数据采集和记录系统，GPS 接收机，基于车载平台，由激光扫描仪和摄影测量获得原始数据作为三维建模的数据源。该系统的优点包括：能够直接获取被测目标的三维点云数据坐标；可连续快速扫描；效率高，速度快。不足之处就是目前市场上的车载地面三维激光扫描系统的价格比较昂贵（约 200 万 ~ 800 万元），只有少数地区和部门使用。地面车载激光扫描系统一般能够扫描到路面和路面两侧各 50m 左右的范围，它广泛应用于带状地形图测绘以及特殊现场的机动扫描。

（4）地面三维激光扫描系统

地面三维激光扫描系统（地面三维激光扫描仪），又称为地面 LiDAR 系统。地面三维激光扫描系统类似于传统测量中的全站仪，它由一个激光扫描仪和一个内置或外置的数码相机，以及软件控制系统组成。激光扫描仪本身主要包括激光测距系统和激光扫描系统，同时也集成了 CCD 和仪器内部控制和校正系统等。二者的不同之处在于固定式扫描仪采集的不是离散的单点三维坐标，而是一系列的"点云"数据。点云数据可以直接用来进行三维建模，数码相机的功能是提供对应模型的纹理信息。

地面三维激光扫描系统是一种利用激光脉冲对目标物体进行扫描，可以大面积、大密度、快速度、高精度地获取地物的形态及坐标的一种测量设备。目前已经广泛应用于测绘、文物保护、地质、矿业等各领域。

（5）手持式激光扫描系统

手持式激光扫描系统（手持式三维扫描仪）是一种可以用手持扫描来获取物体表面三维数据的便携式三维激光扫描仪，是三维扫描仪中最常见的扫描仪。它常被用来侦测并分析现实世界中物体或环境的形状（几何构造）与外观数据（如颜色、表面反照率等性质），搜集到的数据常被用来进行三维重建计算，在虚拟世界中创建实际物体的数字模型。它的优点是快速、简洁、精确，可以帮助用户在数秒内快速地测得精确、可靠的成果。

此类设备大多用于采集一些比较小型物体的三维数据，可以精确地给出物体的长度、面积、体积测量结果，一般配备有柔性的机械臂使用，大多应用于机械制造与开发、产品误差检测、影视动画制作以及医学等众多领域。此类型的仪器配有联机软件和反射片。

2. 依据扫描距离划分

按三维激光扫描仪的有效扫描距离进行分类，目前国家无相应的分类技术标准，大概可分为以下三种类型：

（1）短距离激光扫描仪（<10m）。这类扫描仪最长扫描距离只有几米，一般最佳扫描距离为 0.6~1.2m，通常主要用于小型模具的测量。不仅扫描速度快而且精度较高，可以在短时间内精确地给出物体的长度、面积、体积等信息。手持式三维激光扫描仪都属于这类扫描仪。

（2）中距离激光扫描仪（10~400m）。最长扫描距离只有几十米的三维激光扫描仪属于中距离三维激光扫描仪，它主要用于室内空间和大型模具的测量。

（3）长距离激光扫描仪（>400m）。扫描距离较长，最大扫描距离超过百米的三维激光扫描仪属于长距离三维激光扫描仪，它主要应用于建筑物、大型土木工程、煤矿、大坝、机场等的测量。

3. 依据扫描仪成像方式划分

按照扫描仪成像方式可分为如下三种类型：

（1）全景扫描式。全景式激光扫描仪采用一个纵向旋转棱镜引导激光光束在竖直方向扫描，同时利用伺服马达驱动仪器绕其中心轴旋转。

（2）相机扫描式。它与摄影测量的相机类似。它适用于室外物体扫描，特别对长距离的扫描很有优势。

（3）混合型扫描式。它的水平轴系旋转不受任何限制，垂直旋转受镜面的局限，集成了上述两种类型扫描仪的优点。

## 三、三维激光扫描技术发展概述

### 1. 国外技术发展概述

欧美国家在三维激光扫描技术行业中起步较早,始于 20 世纪 60 年代。发展最快的是机载三维激光扫描技术,目前该技术正逐渐走向成熟。美国的斯坦福大学 1998 年进行了地面固定激光扫描系统的集成实验,并取得了良好的效果,该大学正在开展较大规模的研究工作。1999 年在意大利的佛罗伦萨,来自华盛顿大学的 30 人小组利用三维激光扫描系统对米开朗琪罗的大卫雕像进行测量,包括激光扫描和拍摄彩色数码相片,之后三维激光扫描系统逐步产业化。目前,国际上许多公司及研究机构对地面三维激光扫描系统进行研发,并推出了自己的相关产品。

三维激光扫描技术开始于 20 世纪 80 年代,由于激光具有方向性、单色性、相干性等优点,将其引入测量设备中,在效率、精度和易操作性等方面都展示了巨大的优势,它的出现也引发了现代测绘科学和技术的一场革命,引起许多学者的广泛关注。很多高科技公司和高等院校的研究机构将研究方向和重点放在三维激光扫描设备的研究中。

随着三维激光扫描设备在精度、效率和易操作性等方面性能的提升以及成本方面的逐步下降,20 世纪 90 年代,它成了测绘领域的研究热点,扫描对象和应用领域也在不断扩大,逐渐成为空间三维模型快速获取的主要方式之一。许多设备制造商也相继推出了各种类型的三维激光扫描系统,现在三维激光扫描系统已经形成了颇具规模的产业。

目前,国际上已有几十个三维激光扫描仪制造商,已经制造了各种型号的三维激光扫描仪,包括微距、短距离、中距离、长距离的三维激光扫描仪。微观、短距离的三维激光扫描技术已经很成熟。长距离的三维激光扫描技术在获取空间目标点三维数据信息方面已获得了新的突破,并应用于大型建筑物的测量、数字城市、地形测量、矿山测量和机载激光测高等方面,并且有着广阔的应用前景。

手持式三维激光扫描仪的研究方面,国外公司起步较早,产品在中国销售的公司有加拿大 Creaform 公司和 NDI 公司、美国 Artee 集团和 FARO 公司等。

拍照式三维激光扫描仪的研究较早,产品在中国销售的公司是德国的 Breuckmann(博尔科曼)公司,2012 年 9 月 3 日,Breuckmann 公司被 Aicon 三维系统有限公司收购。目前它的主要产品有 Stereo Sean 3D-HE、SmartSCAN-3D-C5、SmartSCAN 3D-HE。

在特殊用途的三维激光扫描仪开发应用方面,国外的技术还是比较先进的,有代表性的产品有:加拿大 Optech 公司的 CMS 空区三维扫描系统、英国 MDL 公司专门为矿山采空区测量而生产的一种基于激光的空区测量系统 Void Scanner( vs150 )MK3 和 C-ALSMK3、德国 -SICK( 西克 )激光扫描测量系统。

在软件方面,不同厂家的三维激光扫描仪都带有自己的系统软件。还有其他三维激光扫描数据处理软件,如意大利的 JRC Reconstructor、德国的 PointCab、瑞典的 3D Reshaper 软件等,这些软件都各有所长。

2. 国内技术发展概述

在国内，三维激光扫描技术的研究起步得较晚，随着三维激光扫描技术在国内的应用逐步增多，国内很多科研院所以及高等院校正在推进三维激光扫描技术的理论与技术方面的研究，并取得了一定的成果。

我国第一台小型的三维激光扫描系统是在原华中理工大学与邦文文化发展公司的合作下成功研制的；在堆体变化的监测方面，原武汉测绘科技大学地球空间信息技术研究组开发的激光扫描测量系统可以达到良好的分析效果，武汉大学自主研制的多传感器集成的LD激光自动扫描测量系统则实现了通过多传感器对目标断面的数据匹配来获取被测物的表面特征的目的。清华大学提出了三维激光扫描仪国产化战略，并且研制出了三维激光扫描仪样机，已通过了国家863项目验收。北京大学的视觉与听觉信息处理国家重点实验室三维视觉计算小组在这方面做了不少研究，"三维视觉与机器人试验室"使用不同性能的三维激光扫描设备，全方位摄像系统和高分辨率相机采集了建模对象的三维数据与纹理信息，最终通过这些数据的配准和拼接完成了物体和场景三维模型的建立。凭借中国和意大利政府合作协议，北京故宫博物院于2003年将从意大利引进的激光扫描技术应用到故宫古建筑群的三维扫描项目中。北京建筑大学在故宫数字化项目中使用了加拿大Optech公司生产的ILRIS-3D三维激光扫描仪，这对于项目的顺利完成起到了至关重要的作用。

近几年来，国内三维激光扫描设备制造商逐渐增多，研发与制造能力较强的制造商有北京北科天绘科技有限公司与武汉海达数云技术有限公司，形成了全系列激光产品。车载激光扫描设备制造商主要有北京四维远见信息技术有限公司、青岛秀山移动测量有限公司、上海华测导航技术有限公司、立得空间信息技术股份有限公司、广州南方测绘科技股份有限公司等。

手持式三维激光扫描仪的研究方面，国内的企业紧跟国外的步伐，目前已经有多家公司研发和销售，有代表性的公司是杭州先临三维科技股份有限公司、杭州思看科技有限公司、深圳市华朗科技有限公司等。

拍照式三维扫描仪的研究方面，国内的企业跟踪国际前沿技术，目前已经有多家公司在研发和销售，有代表性的公司有深圳市精易迅公司、深圳市华朗科技有限公司、上海汇像信息技术有限公司等。

在特殊用途的扫描设备方面，目前主要有激光盘煤仪、人像扫描仪等。目前激光盘煤仪已经有多家公司在研发和销售，有代表性的公司有北京三维麦普导航测绘技术有限公司、中科科能（北京）技术有限公司。

针对激光点云数据的数据管理和处理技术、不同行业应用的数据分析技术等技术难点，激光数据处理还存在设备精度标定、坐标拼接和转换、点云构网、植被分类、行业应用标准等问题。尽管国内外学者都进行了大量的研究，并取得了一定成果，但仍不能满足生产需要。

尽管三维激光扫描技术在各行业中得到了广泛应用，但大多数是直接应用国外成熟的软件进行数据采集和处理工作。目前国外成熟的地面激光扫描软件相对丰富，在国内也有一些相关软件被研发和应用，林业科学院针对林业的特点开发了用于林业方面的处理软件。

中国水利水电科学研究院的刘昌军开发了海量激光点云数据处理软件和三维显示及测绘出图软件。

在软件方面，除了不同厂家的三维激光扫描仪自带的系统配套软件，还有其他三维激光扫描数据处理软件，如武汉海达数云技术有限公司的全业务流程三维激光点云处理系列软件、上海华测导航技术有限公司的 CoProcess，青岛秀山移动测量有限公司的 VsursPoint Cloud、北京四维远见信息技术有限公司的 SWDY 软件等，这些软件都各有所长。

# 第三节　机载激光雷达测量技术与应用

## 一、机载激光雷达测量技术简介

机载激光雷达（LiDAR）是一种新型主动式航空传感器，通过集成定姿定位系统（POS）和激光测距仪，能够直接获取观测点的三维地理坐标。按其功能主要分为两大类：一类是测深机载 LiDAR（或称海测型 LiDAR），主要用于海底地形测量；另一类是地形测量机载 LiDAR（或称陆测型 LiDAR），正广泛应用于各个领域，在高精度三维地形数据（数字高程模型 DEM）的快速、准确提取方面，具有传统手段不可替代的独特优势。尤其对于一些测图困难区的高精度 DEM 数据的获取，如植被覆盖区、海岸带、岛礁地区、沙漠地区等，LiDAR 的技术优势显得更为明显。

1. 技术发展概述

20 世纪 80 年代，德国斯图加特大学遥感学院进行了首次机载 LiDAR 的实验，成功研制出机载激光扫描地形断面测量系统，结果显示其在地形图测量及制图方面有巨大的潜力；在此期间德国的另外一所高校汉诺威大学制图与地理信息学院也在对建筑物自动提取及建筑物重建等方面做出了相关研究。在 20 世纪 80 年代末，荷兰代尔夫特技术大学在植被及房屋等土木结构的分析、识别、编码等方面取得了较好的研究成果。1993 年，全球第一个机载 LiDAR 样机由 TopScan 和 Optech 公司合作完成，标志着 LiDAR 硬件技术的成熟。1998 年，加拿大卡尔加里大学通过将多种测量设备、数据分析设备、通信设备进行集成，并且对这个较为完备的系统进行了较大规模的试验，取得了令人满意的结果，真正地实现了三维数据获取系统。在 20 世纪末，日本东京大学在亚洲率先进行了基于地面的较为固定的 LiDAR 系统试验。随后，欧美各国投入大量的人力、财力进行相关技术的研究，目前投入商业生产的 LIDAR 有德国的 ICI 和 TopScan 公司、奥地利的 RIEGL 公司、加拿大的 Optech 公司等，全球知名的瑞士 Leica 公司也推出了机载激光扫描测高仪。

相比之下，国内不管是关于机载激光雷达技术的研究，还是硬件系统的研究制造都起步较晚，20世纪90年代中期，中科院遥感应用所进行了相关研究，虽然取得了一定的进展但技术还不够完善，所以未能投入使用。目前北京北科天绘科技有限公司研制了A-Pilot机载激光雷达，北京绿土科技有限公司研制了Li-Air无人机激光雷达扫描系统，技术已经比较成熟，已经在电力巡线、地形测绘和灾害评估等方面取得了显著的成果。

国内大部分研究机构和生产单位采用了引进国外成熟商业系统的做法。武汉大学、中国测绘科学研究院和中国科学院对地观测与数字地球科学中心等单位均引进了机载LiDAR系统，在基础地理信息快速采集、海岛礁地形测绘以及流域生态水文遥感监测等领域发挥了重大作用。北京星天地信息科技有限公司、广西桂能信息工程有限公司以及广州建通测绘有限公司也购置了高性能的机载LiDAR系统，用于高速公路路线勘测、输电线路优化以及智能城市三维重建等领域的工程。在算法研究方面，国内的诸多专家和学者也开展了大量大范围的研究。在数据滤波方面，张小红提出了移动曲面拟合预测滤波算法。

2.机载激光雷达技术的特点

（1）精度高。机载激光雷达系统数据采集的平面精度可达0.15m，高程精度可达厘米级。机载激光雷达系统采集的数据密度高，激光点云数据很密集，每平方米可达100个激光点以上。

（2）效率高。飞行方案的设计以及后期的产品制作大多由软件自动完成。从前期数据的获取到后期数据成果的生成，整个过程快速高效。

（3）机载激光雷达数据产品丰富，包含激光点云数据、波形文件、数码航空影像、数字地表模型、数字高程模型、数字正射影像等。

（4）激光穿透能力强。雷达发射的激光有较强的穿透能力，对于高密度植被覆盖地区，激光良好的单向性使之能从狭小的缝隙穿过，到达地表能够获取到更高精度的地形表面数据。

（5）主动测量方式。雷达技术以主动测量方式采用激光测距，不依赖自然光，不受阴影和太阳高度角影响。

（6）便捷，人工野外作业量很少。与传统航测相比，机载激光雷达技术的地面控制工作量大大减少，只需在测区附近地面已知点上安置一台或几台GPS基准站即可，可以大大提高作业效率。

（7）机载激光雷达系统可以对危险及困难地区实施远距离和高精度的三维测量，从而减少测量人员的人身危险。

## 二、机载激光雷达系统结构

1.机载激光雷达系统组成

机载激光雷达系统主要由飞行平台、激光扫描仪、定位于惯性测量单元、控制单元四个部分组成。其中，机载激光雷达一般搭载在直升机或者无人机等飞行平台上，由差分全球定位系统（GPS）和惯性导航系统（INS）组成的惯性测量单元负责姿态调整和航线优化，控制单元作为该系统最重要的组成部分，主要负责系统同步工作。

2.机载激光雷达系统功能

（1）动态差分 GPS 系统

全球定位系统（GPS）能为遥感和 GIS 的动态空间应用提供很好的服务，主要得益于它能全天候地提供地球上任意某一点的精确三维坐标。机载 LiDAR 系统采用动态差分 GPS 系统，该系统定位的精度很高，其主要功能如下：

1）当机载激光雷达扫描中心像元成像时，动态差分 GPS 系统会给出光学系统投影中心的坐标值。

2）为了辅助提高姿态测量装置测定姿态角的精度，动态差分 GPS 提供姿态测量装置数据，从而生成 INS/GPS 复合姿态测量装置。

3）动态差分 GPS 系统可提供导航控制数据，使得飞机能沿着飞行航线高精度地飞行。

（2）激光测距系统

激光测距技术在传统常规测量时期就已经扮演着非常重要的角色，最早的激光脉冲系统是美国在 20 世纪 60 年代发展起来用于跟踪卫星轨道位置的，当时的测距精度只有几米。依据不同的用途和设计思想，激光测距的光学参数也有所不同，主要表现为波长、功率、脉冲频率等参数的区别。目前，主流商用机载 LiDAR 系统采用的工作原理主要包括激光相位差测距、脉冲测时测距以及变频激光测距，其中前两种较为普遍。激光相位差测距是利用无线电波段的频率，对激光束进行幅度调制并测定调制光往返测线一次所产生的相位延迟，再根据调制光的波长，换算为此相位延迟所代表的距离。连续波相位式的优势是测距精度高，但工作距离会受激光发射频率限制，且被测目标必须是合作目标（例如，反射棱镜、反射标靶等）。而脉冲式测量的优势在于测试距离远，信号处理简单，被测目标可以是非合作的。但其测量精度会受到多种因素（如气溶胶、大气折射率等）影响，作用距离可达数百米至数十千米。目前，大多数系统采用脉冲式测量原理，即通过量测激光从发射器到目标再返回接收设备所经历的时间，用来计算目标与激光发射器之间的距离。激光雷达测距系统的接收装置可记录一个单发射脉冲返回的首回波、中间多个回波与最后回波（有的设备可以接收全波形回波），通过对每个回波时刻记录，可同时获得多个距离（高程）测量值。

（3）惯性导航系统

惯性导航系统是机载 LiDAR 的重要组成部分，负责提供飞行载体的瞬时姿态参数，包括俯仰角、侧滚角和航向角三个重要姿态角参数以及飞行平台的加速度。姿态角参数的精度，对于能否获得高精度的激光脚点位置坐标起着关键作用。但惯性导航系统在获取参数数据时，随着时间的推移收集的数据精度会降低。相反，动态差分 GPS 系统定位采集的数据精度较高，且误差不会随着工作时间的推移而加大。所以，为了使两种数据采集系统的优势互补，可将两个系统采集的数据进行信息综合处理。

（4）飞行搭载平台

搭载机载激光雷达设备的飞行平台主要是固定翼飞机、直升机，近年来也开展了一些以无人机为飞行平台的研究。选取固定翼飞机作为飞行搭载平台时，要求飞机的爬升性能好、转弯半径小、操纵灵活、低空和超低空飞行性能好，具有较高的稳定性和较长时间的续航能力。国内在中低空（数公里）飞行中使用较多的固定翼飞机是运五 B 飞机，中高空（5km 以上）多为运十二、双"水獭"和空中国王 B200 型飞机。

国内目前使用的直升机平台主要有 Bell 206 型系列，如 B3、L4，欧洲的"小松鼠"，以及国产直 11 等机型。国产直 11 型直升机由昌河飞机工业集团公司和中国直升机设计研究所共同研制，属于 2t 级 6 座轻型多用途直升机，最大起飞重量为 2.2t，巡航速度为240km/h，最大航程为 600km，续航时间为 4h，适合于小范围的机载 LiDAR 数据快速采集。

## 三、机载激光雷达的应用领域

自 2004 年开始，我国多家单位先后购买了国外厂商的机载 LiDAR 设备，生产了大量的原始点云数据，在电力选线、城市三维建模、公路选线、工程建设、文物古迹保护、林业资源勘查、海岸工程以及油气勘探、三维地形测量等行业领域做出了大量有益的探索。针对国内机载 LiDAR 应用现状，国家测绘地理信息局相继制定了相关规定，规定了机载LiDAR 数据获取阶段的基本要求以及技术准备、飞行计划与实施、数据预处理、数据质量检查和成果提交等技术要求，以及获取的数据生产基础地理信息数字成果的数据处理技术要求，为机载 LiDAR 在国内的应用提供了技术保障。

### 1. 电力选线工程

在传统电力线路工程勘测设计中，多采取工程测量和航空摄影测量的方法进行。工程测量方法测量的地面信息精度高，但外业工作量大，测量的工期长，而且不利于勘测设计的一体化与优化设计。利用传统航空摄影测量进行电力线路勘测设计，不仅需要进行大量的 GPS 外控点测量，还需要进行大量的野外调绘工作，航测的内业时间长，勘测设计的成本很高，工期偏长。另外，传统的航空摄影测量在测量被植被覆盖的隐秘地区时，高程精度很低，影响电气专业人员准确排杆。传统的航空摄影测量方法也不能生成准确的塔基断面图。所以，采用传统测量技术进行电力线路工程勘测设计，获得的勘测成品精度较低，内、外业工作量大，勘测设计工期长，不利于勘测设计优化，也不利于降低工程投资。利用 LiDAR 技术进行电力线路的勘测设计具有很大的优越性。LiDAR 技术只要做少量的GPS 控制点和少量的调绘工作，因此缩短了勘测设计的工期，减少了勘测设计的成本投入，LiDAR 技术的激光能穿透植被，得到地面的数据，这样就能进行被遮掩地带的测量。处理完 LiDAR 数据后，可生成正射影像图，进而生成带电力线路路径的三维数字地面模型图，可以在模型图上进行线路路径选择。确定了线路路径后，可以生成线路平断面图，再生成塔基断面图，然后便可进行一次性勘测设计，从而实现了勘测设计一体化，大大缩短了勘测设计的周期，降低了勘测设计成本，并且能进行优化设计，节省工程投资。

在滇西北至广东 +800kV 特高压直流输电线路工程中，线路沿线区域主以高山地为主，间有部分丘陵和泥沼，且森林茂密，地形条件复杂，勘测设计难度很大。工程采用德国 TopoSys 公司的 HARRIER56 机载激光测量系统获取相应数据，利用"DEM 叠合 DOM 技术"生成大场景三维模型，对招标路径进行了局部优化。实践证明，将机载激光雷达技术应用于输电线路优化设计具有先进性，能有效提高输电线路的设计深度和质量，并优化了工程建设投资预算。机载激光雷达技术的迅速发展，将在输电线路的路径优化中发挥更大的作用，并给输电线路的设计、施工和运行带来革命性的变化。

2. 城市三维建模

近年来，数字城市建设进行得如火如荼，三维地理信息逐渐代替二维地理信息成为数字城市建设的主要内容，三维地理信息获取作为数字城市建设工作的基础显得尤为重要。传统的测量手段已经逐渐跟不上城市建设的步伐，而三维激光扫描仪的出现为准确快速获取城市地理信息提供了保证。

在数字城市建设中，激光雷达技术主要应用于如下领域：基于三维点云数据快速提取建筑物模型，从而获取城市的三维信息数据，应用于城市的整体规划设计；旧城改造过程中，建筑物以及土地资源的评估和监测；用于灾害应急的分析等。

随着城镇化工作的不断推进，城市发展逐步凸现出很多问题，建设和谐、绿色、智慧城市被住房和城乡建设部提上日程。智慧城市涵盖了城市规划、市政建设、交通设施、公共服务、动态监测、政府决策、民生环保等几乎所有城市部件系统，对信息的获取和整合也提出了新的挑战。移动三维激光测量技术是最近几年出现的先进的三维基础数据获取手段，它能够快速、高效地得到城市各种信息，帮助智慧城市各种决策的形成和实施。

传统的城市规划与设计是通过规划设计平面图、效果图以及沙盘模型等方式来展示设计成果的。LiDAR 系统的应用使得各种规划设计方案定位于虚拟的三维现实环境当中，用动态交互的方式对其进行全方位的审视，评价其对现实环境的影响。以此评价空间设计规划的合理性，在降低设计成本的同时还能提高规划效率及改善规划效果。

机载三维激光雷达技术具有高精度、高密集度、快速、低成本获取地面三维数据等优势，其必将成为空间数据获取的一种重要技术手段，随着数据处理技术以及相关行业应用平台的逐步成熟，机载三维激光雷达系统必将拥有广阔的应用前景。

3. 公路选线

从 20 世纪 80 年代开始，中国公路建设进入快速发展时期，与此同时，公路的勘察设计工作也逐年增加。我国正在不断地提高高速公路覆盖率。平原、植被等地形较为简单的地区高速路网较为完善，线路勘测难度较小。而在山区、植被覆盖比较密集的区域，公路勘测的难度无疑较大，勘测速度有所减慢。传统的公路勘测主要是采用常规测量仪器如全站仪、水准仪、GPS RTK 等，但是这些方法作业效率低下，受地形、天气的影响较大。另外，测量精度在地形复杂地区并不能满足公路设计的要求。在公路勘测速度和精度的要求越来越高的形势之下，只能改进测量方法，机载激光雷达测量就是其中之一。

机载激光雷达设备具有快速获取高精度三维空间数据和高清晰数码影像数据的优势。从数据源角度着手，采用三维可视化技术对公路建设过程进行全流程数字化管理，可以有效地缩短建设周期、提高效率和节省工程造价，并且为公路建成后的数字化管理奠定坚实的基础。

目前在国内已经有很多成功的案例，如文莱高速的勘测。文莱高速公路西起山东省莱阳市，东至山东省文登区，东接荣文高速公路，向西经文登、乳山、海阳和莱阳等4县市，横贯胶东半岛中部腹地，在莱阳与潍莱高速公路对接，主线长为133.9km，比较线长约为70km。沿线地形以山地和丘陵为主，地形复杂，植被较为茂密，此段高速公路勘测采用了机载激光雷达技术。项目使用的是加拿大Optech公司生产的ALTM Orion H300型机载激光雷达设备。考虑到IMU的误差累计，为了保证点云的精度，于是在进行航线设计时，将测区划分为3个飞行区，每个区均架设地面基站，用于解算机载GPS/IMU数据。项目共飞行3个架次，飞行相对高度为1700m，扫描开为全角50度，激光点旁向重叠度不低于50%，激光发射频率为150kHz，激光发射头扫描频率为40Hz，点云密度为1.3点/m，每个架次设计一条构架航线，航高保持一致。航摄飞机采用塞斯纳208-B飞机。最终结果表明，机载LiDAR激光点云数据是可靠的，能够满足高速公路勘测的精度要求。

吉林省交通规划设计院在辉南至白山高速公路项目中首次采用机载雷达技术获取基础地理信息，然后用全站仪、GPS-RTK对机载雷达数据产品精度进行全面检测试验，最终实践证明机载激光雷达有穿透力强、测点密度大、精度和效率高等在DTM测量方面的独具优势，可广泛应用于广大北方地区的基础测绘，在公路三维测摄中具有非常广泛的应用空间、应用前景和研究试验价值。

4.文物古迹保护

文物古迹象征着灿烂的历史成就，表现了古代中华民族的伟大创造，同时也是一种文明的载体，是人们思想和精神的重要寄托。通过对文物古迹的研究，可以理解内容丰富的文化历史，在一定程度上，它们象征着某个地区的独特文化，反映了这个地区几千年社会的变迁和文化的传承，这些文物古迹一旦遭到破坏，就很难得到恢复。随着计算机技术的飞速发展，对文物古迹进行数字化已成为可能。文物古迹数字化是指采用诸如扫描、摄影、数字化编辑、三维动画、虚拟现实以及网络等数字化手段对文物进行加工处理，实现文物古迹的保存、再现和传播。与具体实物的唯一性、不可共享性和不可再生性相比较，数字化的文物信息是无限的、可共享的和可再生的。

在现代考古工作中，通常采用人工描述、皮尺丈量或相机拍摄等手段来记录考古信息，这不仅严重依赖于测绘人员的个人经验和临场判断能力，而且往往会受地表附着物、地表地质体等影响，很难直接通过这些数据提取出文物古迹的内在信息和真实的几何特征。而采用机载激光雷达测量系统，可以以非接触模式直接进行快速、高精度的数字化扫描测绘，最大限度地减少对文物古迹的不必要的人为破坏。高精度、高分辨率的数字化成果可以作为真实文物的副本保存，为文物的保护研究建立完整、准确、永久的数字化档案。

在飞跃古玛雅城邦卡拉考遗址上空过程中，科学家利用机载 LiDAR 设备绘制了一个位于伯利兹西部的遗址的 3D 地图。一座古玛雅城呈现在世人面前，其规模远远超过此前任何人的预计。

由湖北省文物局主持，武汉大学承担的"机载激光遥感与三维可视化技术在荆州大遗址保护中的应用研究"课题正式启动。具体研究内容包括遗迹特性表征与多因素作用下激光雷达测量机理研究、基于机载激光雷达扫描的遗址区域航摄遥感方法、机载激光雷达扫描遗址定位与遥感测绘流程、基于机载激光雷达扫描点云滤波的遗址遥感识别等。

通过在湖北、湖南、河南等地区的大遗址调查与保护工作中的试点推广，分别完成了荆州大遗址（八岭山墓群）、湖南澧阳平原史前遗址群、洛阳邙山陵墓群等遗址的考古调查测绘工程，实现了对遗址群大小、规模、形状、朝向、分布及周边地形环境的调查、测绘与可视化表达。

### 5. 林业资源勘查

森林占地球表面积的 9.4%，其不仅有丰富的资源储备，并且对维持生态系统的多样性和可持续发展有着不可替代的重要作用，所以对森林资源动态变化信息的研究十分重要。传统的森林参数测计方法存在诸多缺陷，不仅费时费力且无法研究大范围或区域性森林参数，而 LiDAR 技术的出现改善了这一现象。

19 世纪 80 年代，LiDAR 首次应用于森林参数的获取，随后美国和加拿大的学者从实验中得出了激光雷达数据可以进行森林测计参数估测和地形测绘。实验结果表明，激光雷达系统可遥感森林垂直结构参数并估测树木高度，采用多元回归分析的方法反演原始热带森林生物量和蓄积量，并发现其模型具有较好的决定系数，利用 LiDAR 数据进行林业水平的森林平均树高测定，获得了较高精度。目前，机载 LiDAR 在林业中的应用日益增多，机载 LiDAR 点云数据提取林木垂直结构参数及树高的优势日益突出，通过提取树木分位数高度结合实测数据，以估测森林测计参数的研究较多，且效果较好。目前，基于多数据融合进行林业信息的研究也成为一个主要的发展趋势，其相较于单纯地使用点云数据估测精度更高。激光雷达数据估测森林参数算法的不断提出和更新，也极大地推动了 LiDAR 在林业中的应用。

目前，国内就 LiDAR 系统在林业中的应用创新性科研成果较少，大多是基于国外已有的研究成果和理论基础，硬件设施和科技成本成为激光雷达技术快速发展的主要阻力，同时在小光斑机载雷达数据和大光斑星载雷达数据的结合应用上仍然相对较少，在林业资源调查上有待进一步提高。

LiDAR 技术相较于传统遥感技术，在林业中的应用更加灵活，并越来越多地被用于生态领域，通过将其他光学遥感数据与激光雷达数据相结合，森林资源调查将会更加深入，调查的效率和精度也会得到大幅度提高。随着 LiDAR 系统传感器的不断进步，可获取的点云数据密度不断增加，LiDAR 数据将在生产生活中提供更为多元化的测量信息，地基激光雷达将逐步推广应用于林业中，这为森林测计参数提供了更为有力的辅助条件及数据支撑。随着科学技术的进步，将实现 LiDAR 在密集林区高精度、大范围的应用。

### 6. 油气勘探

烃类气体是油气田中油气微渗漏的主要指示性气体，在油气藏上方的近地表处，存在许多用现有遥感手段捕捉到的烃类物质微渗漏异常信息，而且存在着因油气压造成的烃类气体扩散异常现象。利用遥感直接探测油气藏上方的烃类气体异常，是一种直接而快捷的油气勘查方法，所采用的遥感技术是目前已用于大气监测、气体化学分析等方面的激光雷达技术。由于激光雷达是激光技术与雷达技术相结合的产物，激光器的工作波长范围广，单色性好，而且激光是定向辐射，具有准直性、测量灵敏度高等优点，其在遥感方面远优于其他传感器。

今后，随着这项技术的理论研究逐步深入和应用技术逐渐成熟，将激光雷达技术用于油气直接勘查具有更广阔的前景，是油气资源遥感勘查方面的一个重要的发展方向。

### 7. 水利工程

水乃生命之源，也是人类生产和生活必不可少的宝贵资源。防洪、除涝、灌溉、发电、供水、围垦、水土保持、移民、水资源保护等工程都属于水利工程的范畴。水利工程具有系统性和综合性强、对环境影响大、工作条件复杂、规模大等特点。水电工程是水利工程的典型应用，其应用贡献尤为突出。

随着中国经济的高速发展，整个社会对能源，尤其是电能的需求越来越大。水电由于具有成本低、污染少、可持续发展的优势，目前是国际能源安全战略中的开发重点，目前我国水电开发区域主要集中在西南地区的四川、云南、西藏几省的高山峡谷区域，这些区域山高坡陡、河谷狭窄、植被茂密、气候条件复杂、交通通信不便，同时水电工程要求的测绘精度比较高，绝大部分要求 1/2000 精度，部分要求 1/500、1/1000 精度的成果。此类区域环境的特殊性和复杂性，使得传统测绘手段无计可施，在这种条件下使用机载激光雷达进行水电测绘是唯一有效的技术手段。机载激光雷达相比其他遥感技术，具有自动化程度高、受天气影响小、数据生产周期短、精度高等技术特点，是目前最先进的能实时获取地形表面三维空间信息和影像的航空遥感系统。

四川中水成勘院测绘工程有限公司在我国西部某水利工程项目中采用了加拿大 Optech 公司的 ALTMGEINI 机载激光雷达系统，根据测区条件和机载及地面 GPS 数据采集的需要，该项目地面布设了控制整个测区的 4 个 B 级精度的 GPS 基站，数据采集严格按设计的系统参数进行，主要获取该项目区域内的激光测距数据、机载 POS 数据、影像数据、影响曝光时刻文件、地面 GPS 基站观测数据等，共进行了三个架次飞行，数据质量良好。实践证明，机载激光雷达测量技术在克服植被对地表数据采集的影响，克服高山区摄影阴影和峡谷区域信息采集丢失的影响，减轻数据采集难度，降低工作成本以及提高信息采集效率等方面具有独特的优势，充分证明了机载激光雷达测量技术在快速采集高精度测绘数据，特别是类似我国西南水利水电工程建设等比较困难区域的数据采集方面，将是一种非常重要而有效的测绘技术。

# 第四节　实时地图技术（SLAM）

## 一、SLAM 概念

SLAM（simultaneous localization and mapping），也称为 CML（Concurrent Mapping and Localization），即时定位与地图构建或并发建图与定位。问题可以描述为：将一个机器人放入未知环境中的未知位置，是否有办法让机器人一边移动一边逐步描绘出此环境完全的地图，所谓完全的地图（a consistent map）是指不受障碍行进到房间可进入的每个角落。

SLAM 问题可以描述为：机器人在未知环境中从一个未知位置开始移动，在移动过程中根据位置估计和地图进行自身定位，同时在自身定位的基础上建造增量式地图，以实现机器人的自主定位和导航。

Simultaneous Localization And Mapping 也称为 Concurrent Mapping and Localization 并发建图与定位 CML。SLAM 最早由 Smith、Self 和 Cheeseman 于 1986 年提出。由于其重要的理论与应用价值，被很多学者认为是实现真正全自主移动机器人的关键。它是指搭载特定传感器的主体，在没有环境先验信息的情况下，于运动过程中建立环境的模型，同时估计自己的运动。如果这里的传感器主要为相机，那就称之为"视觉 SLAM"。

## 二、单眼 SLAM 技术

SLAM 使用的传感器遵循几个标准，从理论上讲，最有意义的分类是本体感和外部感。本体感传感器测量机器人系统内部的数值，如关节的姿势、剩余电量、内部温度等。至于外部感，测量的是环境数据，通常是指传感器本身的响应。

测距仪是一种外部传感器，测量它们和环境中某点的距离，使用主动方式测量距离，发送声音、光、无线电波，监听回波，就是声呐、激光测距仪和雷达。这些设备在机器人身上做扫描，同时或在极短的时间间隔内执行一组测量。扫描完成后，将每个子测量与承载数据对比，得到其中的关联。

激光测距仪有不同的工作原理，飞行时间测量、光干涉，或相移方法。由于激光比其他种类波的聚焦性能更好，激光测距的精度也最高。

普通单眼 EKF-SLAM 程序基于检测可区别的兴趣点，将它们引入滤波器建立的地图，通过帧序列跟踪它们，估计它们的姿态和传感器测距。对每个地标周围的图像块，概括出它的"外形"，存储下来用于识别，地标本身通常用统一逆深度参数化建模。

　　预测过程基于概率过滤，对机器人移动和传感器位置预测，即使在单眼 SLAM 算法中，也可以利用任何传感器数据。数据缺乏时，移动预测符合高斯分布。这样使用一个定速移动模型，加上角度脉冲和线性加速模型作为白噪声。地图预测就相当简单，以地标或地图兴趣点作为环境的一部分，假设它们的位置和姿态不会变化。

　　预测完成后，常规的 EKF-SLAM 将预测和传感器数据进行比较产生直接观察模型。这一步需要解决数据关联问题，将预测与传感器真实测量匹配，计算提取每帧中所有可能的兴趣点和预测点做匹配，处理基于随机移动预测的不确定性，用主动搜索战略应对这个问题。使用直接观察模型的像素空间预测的地图特征，对每一个像素搜索相似的点（根据存储的块），这是 ZNCC（零平均归一化交叉相关）算法。在理想情况下，每个预测特征会匹配同一个特征在下一帧中的像素。这个过程失效的因素有视觉传感器、环境的几何形状、活动主体的存在，以及别的一些因素。所以这些匹配点要经过数据关联验证算法检测。

　　一旦在像素坐标中发现地标预测和图像空间的关联配对，就可以使用普通 EKF 算法进行计算。

　　虽然用 EKF 对地图迭代估算很直接，还是存在着给定单眼 SLAM 很多特征定义的关键过程。SLAM 基于空间分布、图像中的位置，当使用常规点检测，图像中会有几十甚至几百个点的频度，大多数会被 SLAM 忽略。不过即时方式中没有深度信息也还是可以的。因此，这种情况有两个策略：无延迟方式试着"猜测"深度初始值，延迟方式在一段时间内追踪一个特征，直到得到理想的深度估算，此时才进行初始化处理。

　　这两种策略定义了很多 SLAM 过程特征。无延迟方式看到地标试着使用特征点，这些点被快速引入过滤器，晚些才能验证，或者叫被拒绝数据关联验证了。另外，延迟方式对那些点使用之前先跟踪和估算，因此使用的地标通常更稳定可信。

　　延迟逆深度（DI-D）单眼 SLAM 属于延迟特征初始化技术，地标第一次被观察到与允许估算视差初始化之间的延迟，实现测距估算，通过三角法测算出地标的深度。

# 第三章　3S技术及其应用

　　社会经济的持续健康增长，为现代科学技术的快速发展提供了重要条件。现代计算机和电子电磁科学的应用水平逐步提升，新时期下的测量和定位以及遥感控制的技术也得到了空前的发展。各项工程的建设施工都离不开工程测量的应用，想要完成工程项目的施工建设，就需要将工程测量工作做好。飞速发展的新型技术为工程测量工作的顺利开展提供了可能性，工程测量的各项技术也都有了显著发展和改善，工程测量工作逐步向着自动化和数字化的方向发展。在工程测量的应用技术当中，3S技术因其自身的强大功能，为工程测量提供了可靠的技术保障，在工程测量中被广泛应用，使得工程测量得出的各种数据逐步实现了多样化和网络化。

　　本章将阐述GNSS卫星测量、RS技术以及GIS技术的相关知识，并分析探讨其在不同领域的应用情况。

## 第一节　GNSS卫星测量及其在测绘工程中的应用

### 一、综合计划管理与决策支持系统

　　为促进管理决策者能够更准确及时地了解测绘地理信息部门的全局业务，需打通国家局与省局、直属局业务系统之间的信息脉络，加强上下业务的连通与统筹管理，实现对基础测绘的业务动态监管、资源灵活调配、流程优化调整。

　　综合计划管理与决策支持系统能够从各类业务管理系统中整合抽取（ETL）决策分析基础数据，面向人力资源状况评估、装备资源评估、经费使用评价、项目动态调控、项目实施评价、服务质量评价等主题进行决策分析，产生决策支持结果，为综合管理计划指令下达提供依据。其中，人力资源状况评估可以提供人员岗位结构分析、人员年龄结构分析、人员文化教育程度等多个维度的人力资源状况评估，为有效配置国家测绘地理信息局所属各单位人力资源情况提供依据，为装备资源评估提供各级测绘部门各种装备资源数量、装备资源使用状况等多维度的分析评估，为各单位装备配备提供决策依据，为经费使用评价提供项目整体各类支出分布统计、项目经费支付分布统计等分析功能。项目动态调控依据基础测绘需求、生产资源配置情况动态调整生产计划。项目实施评价通过项目中期检查评估、验收评估以及项目质量评估、进度评估等维度对项目实施情况进行评价。服务质量评价提供项目内部部门对应用测绘成果的评价分析、公众对测绘成果评价分析以及成果质量评价分析等功能。

## 二、概述

全球卫星导航定位系统（GNSS）能够以不同的定位定时精度提供服务，从亚毫米、毫米到厘米、分米和十几米的定位精度都有可供选择的定位方法。在定时方面，可从亚纳秒、纳秒到微秒级的精度实现时间测量和不同目标间的时间同步。在定位的时间响应方面，可以从 0.05s、1s 到十几秒、几分钟、几个小时或几天来实现不同的实时性要求和精确性要求。从相对定位距离方面来看，可从几米一直到几千千米之间，实现连续的静态和动态定位要求。从工作环境上看，除了怕被森林、高楼遮挡信号造成可见卫星少于 4 颗和强电离层爆发造成 GNSS 测距信号完全失真外，可以说是全球、全连续和全天候的。这些优良的特性使得它有着广泛的应用领域。由于当前较实用的全球卫星导航定位系统只有 GPS 系统，因此以下的应用案例中主要采用 GPS 系统来加以说明。

## 三、在科学研究中的应用

### 1.GPS 精密定时和时间同步的应用

时间同人们的日常生活密切相关，只不过日常生活中的时间一般只要精确到 1s 或 1ms 就够了。但在许多科学研究和工程技术活动中，对时间的要求却非常严格。比如要在地球上彼此相距甚远（数千千米）的实验室上利用各种精密仪器设备对太空的天体、运动目标，如脉冲星、行星际飞行探测器等进行同步观测，以确定它们的太空位置、物理现象和状态的某些变化，这就要求国际上各相关实验室的原子钟之间进行精密的时间传递。当前精密的 GPS 时间同步技术可以实现 10-10~10-11 的同步精度，这一精度可以满足上述要求。此外，GPS 精密测时技术与其他空间定位和时间传递技术相结合，可以测定地球自转参数，包括自转轴的漂移、自转角速度的长期和季节不均匀性，而地球自转的不均匀变化将引起海洋水体流动和大气环流的变化，这也正是地球上许多气象灾害如厄尔尼诺现象的诱因。又比如按照广义相对论，引力场将引起时空弯曲，因此 GPS 精密测时可以测量引力对某些实用时间尺度的影响。

### 2.GPS 精密定位在地球板块运动研究中的应用

根据现代地球板块运动理论，地球表层的岩石圈浮在液态的地幔上。由于地幔对流的作用，岩石圈分成 14 个大的板块在做相互挤压、碰撞或者分离的运动。GPS 在几十千米到数千千米的范围内能以毫米级和亚厘米级的精度水平测量大陆板块的位移。目前，全球 GPS 地球动力学服务机构通过国际合作在全球各大海洋和陆地板块上布设了 200 多个 GPS 观测基准站，连续对这些观测站进行精密定位，测定各大板块间的相互运动速率，以此确定全球板块运动模型，并用来研究板块运动的现今短时间周期的运动规律，与地球物理和地质研究的长时期运动规律进行比较分析，研究地球板块边沿的受力和形变状态，预测地震灾害。

3.GPS 精密定位在大气层气象参数确定和灾害天气预报中的应用

GPS 技术经过 20 多年的发展，其应用研究及应用领域都得到了极大的扩展，其中一个重要的应用领域就是气象学研究。利用 GPS 理论和技术遥感地球大气状态进行气象学的理论和方法研究，如测定大气温度及水汽含量、监测气候变化等，称为 GPS 气象学（简写为 GPS/MET）。GPS 气象学的研究于 20 世纪 80 年代后期最先在美国起步，在美国取得理想的试验结果之后，其他国家（如日本等）也逐步开始 GPS 在气象学中的研究。

当 GPS 发出的信号穿过大气层中的对流层时，受对流层的折射影响，GPS 信号会发生弯曲和延迟，其中信号的弯曲量很小，而延迟量很大，通常在 2~3m 左右。在 GPS 精密定位测量中，大气折射的影响被当作误差源而要尽可能消除干净。在 GPS/MET 中，与之相反，所要求得的量就是大气折射量。假如在一些已经知道精确位置的测站上用 GPS 接收机接收 GPS 信号，在卫星精密轨道也已知的情况下，就可以精确分离 GPS 信号中的电离层延迟参数和对流层延迟参数，特别测定出对流层中的水汽含量。通过计算可以得到我们所需的大气折射量，再通过大气折射率与大气折射量之间的函数关系，求得大气折射率。大气折射率是气温 T、气压 P 和水汽压力 e 等大气参数的函数，因此可以建立起大气折射量与大气参数之间的关系，这就是 GPS/MET 的基本原理。大气温度、大气压、大气密度和水汽含量等量值是描述大气状态最重要的参数。无线电探测、卫星红外线探测和微波探测等手段是获取气温、气压和湿度的传统手段。但是与 GPS 手段相比，就显示出传统手段的局限性。无线电探测法的观测值精度较好，垂直分辨率高，但地区覆盖不均匀，在海洋上几乎没有数据。被动式的卫星遥感技术可以获得较好的全球覆盖率和较高的水平分辨率，但垂直分辨率和时间分辨率很低。利用 GPS 手段来遥感大气的优点是全球覆盖，费用低廉，精度高，垂直分辨率高。正是这些优点使得 GPS/MET 技术成为大气遥感最有效、最有希望的方法之一。当测出水汽含量的变化规律后，可以预知水汽含量超过一定阈值后就会变成降水落到地面，即预报降雨时间和降雨量。此外，利用 GPS 观测值还能测定电离层延迟参数，并反演高空大气层中的电子含量，监测和预报空间环境及其变化规律，为人类航天活动、通信、导航、定位、输电等服务。

# 四、在工程技术中的应用

## 1. 全球和我国大地控制网的建设

大地测量的重要任务之一就是建立和维持一个地面参考基准，为各种不同的测绘工作提供坐标参考基准。简单地讲，要定量地描述地球表面物体的位置，就必须建立坐标系。过去的坐标系是由二维的水平坐标系和垂直坐标系组合而成的，是非地心的、区域性的、静态的参考系统。同时由于测量技术和数据处理手段的制约，这种坐标系已经难以满足现代高精度长距离定位、精密测绘、地震监测预报和地球动力学研究等方面的需要。GPS技术的出现使建立和维持一个基于地心的、长期稳定的、具有较高密度的、动态的全球性或区域性坐标参考框架成为可能。我国已建立了国家高精度GPS A级网、B级网、布测的全国高精度GPS网、中国地壳形变监测网、区域性的地壳形变监测网和高精度GPS测量控制网等。工程形变的种类很多，主要有大坝的变形、陆地建筑物的变形和沉陷、海上建筑物的沉陷、资源开采区的地面沉降等。GPS精密定位技术与经典测量方法相比，不仅可以满足多种工程变形监测工作的精度要求（10-6~10-8），而且更有助于实现监测工作的自动化。例如，为了监测大坝的形变，可在远离坝体的适当位置选择若干基准站，并在形变区选择若干监测点。在基准站与监测点上，分别安置GPS接收机进行连续的自动观测，并采用适当的数据传输技术实时将监测数据自动地传送到数据处理中心，进行处理、分析和显示。

2. 在通信工程、电力工程中的应用（时间）

在我们的日常生活中，电网调度自动化要求主站端与远方终端（RTU）的时间同步。当前大多数系统仍采用硬件通过信道对时，主站发校时命令给远方终端对时硬件来完成对时功能。若采用软件对时，则具有很多不确定性，不能满足开关动作时间分辨率小于10 ms的要求。用硬件对时，分辨率可小于10 ms，但对时硬件复杂，并且对时期间（每10 min要对一次）完全占用通道。当发生移行变位时，主站主机CPU还要做变位时间计算，占用CPU的开销。利用GPS的定时信号可克服上述缺点。GPS接收机的时间码输出接口为RS232及并行口，用户可任选串行或并行方式，还有一个秒脉冲输出接口（1 PPS），输出接口可根据需要选用。

GPS高精度的定时功能可在交流电网的协同供电中发挥作用，使不同电网中保持几乎协同的相角，节约电力资源。大型电力系统中功角稳定性、电压稳定性、频率动态变化及其稳定性都不是一个孤立的现象，而是相互诱发、相互关联的统一物理现象的不同侧面，其间的关联又会受到网络结构及运行状态的影响。其中母线电压相量和功角状况是系统运行的主要状态变量，是系统能否稳定运行的标志，必须进行精确监测。由于电力系统地域广阔、设备众多，其运行变量变化也十分迅速，获取系统关键点的运行状态信息必须依赖于统一的、高精度的时间基准，这在过去是完全不可能的。GPS的出现和计算机、通信技术的迅速发展，为实现全电网运行状态的实时监测提供了坚实的基础。

3. 在交通、监控、智能交通中的应用

随着社会的发展进步，实现对道路交通运输（车队管理、路边援助与维修等）、水运（港口、雾天海上救援等）、铁路运输（列车管理）等车辆的动态跟踪和监控非常重要。将GPS接收机安装在车上，能实时获得被监控车辆的动态地理位置及状态等信息，并通过无线通信网将这些信息传送到监控中心，监控中心的显示屏上可实时显示出目标的准确位置、速度、运动方向、车辆状态等用户感兴趣的参数，并能进行监控和查询，方便调度管理，提高运营效率,确保车辆的安全,从而达到监控的目的。移动目标如果发生意外,如遭劫、车坏、迷路等,可以向信息中心发出求救信息。处理中心由于知道移动目标的精确位置,可以迅速给予救助。特别适合公安、银行、公交、保安、部队、机场等单位对所属车辆的监控和调度管理,也可以应用于对船舶、火车等的监控。对于出租车公司,GPS 可用于出租汽车的定位,根据用户的需求调度距离最近的车辆去接送乘客。越来越多的私人车辆上也装有卫星导航设备,驾车者可根据当时的交通状况选择最佳行车路线,获悉到达目的地所需的时间,在发生交通事故或出现故障时系统自动向应急服务机构发送车辆位置的信息,因而可获得紧急救援。目前,道路交通运输是定位应用最多的用户。

4. 在测绘中的应用

全球卫星导航定位系统的出现给整个测绘科学技术的发展带来了深刻的变革。GPS 已广泛应用于测绘的方方面面,主要表现在:建立不同等级的测量控制网;获取地球表面的三维数字信息并用于生产各种地图;为航空摄影测量提供位置和姿态数据;测绘水下(海底、湖底、江河底)地形图等。此外,还广泛有效地应用于城市规划测量、厂矿工程测量、交通规划与施工测量、石油地质勘探测量以及地质灾害监测等领域,都产生了良好的社会效益和经济效益。

5. 海陆空运动载体(船、车、飞机)导航

海陆空运动载体(船、车、飞机)导航是卫星导航定位系统应用最广的领域。利用 GPS 对大海上的船只进行连续、高精度实时定位与导航,有助于船舶沿航线精确航行,节省时间和燃料,避免船只碰撞。出租车、租车服务、物流配送等行业利用 GPS 技术对车辆进行跟踪、调度管理,合理分布车辆,以最快的速度响应用户的乘车请求,降低能源消耗,节省运行成本。GPS 在车辆导航方面发挥了极其重要的作用,在城市中建立数字化交通电台,实时发播城市交通信息,车载设备通过 GPS 进行精确定位,结合电子地图以及实时的交通状况,自动匹配最优路径,并实行车辆的自主导航。根据 GPS 的精度和动态适应能力,它将可直接用于飞机的航路导航,也是目前中、远航线上最好的导航系统。基于 GPS 或差分 GPS 的组合系统将会取代或部分取代现有的仪表着陆系统(ILS)和微波着陆系统(MLS),并使飞机的进场、着陆变得更为灵活,机载和地面设备更为简单、廉价。

# 五、在其他领域的应用

1. 在娱乐消遣、体育运动中的应用

随着 GPS 接收机的小型化以及价格的降低,GPS 逐渐走进了人们的日常生活,成为人们旅游、探险的好帮手。当今手机功能继续花样翻新,又一新趋势是将全球定位系统(GPS)纳入其中。一部可以指引方向的手机对于那些喜爱野外旅行和必须在人迹罕至的区域工作、生活的人非常重要。无论攀山越岭、滑雪、打猎、野营,只要有一部导航手机在手,就可及时显示你的所在地,并显示出附近地势、地形、街道索引的道路蓝图。GPS

手机的另一大卖点,莫过于求救信息有迹可循。因为 GPS 手机收讯人除了听到对方"救命"之声外,更可同时确切地显示出待救者所在的位置,为那些爱征服恶劣环境的人提供了一种崭新的安全设备。另外,通过 GPS,人们可以在陌生的城市里迅速找到目的地,并且可以以最优的路径行驶;野营者带上 GPS 接收机,可快捷地找到合适的野营地点,不必担心迷路;GPS 手表也已经面世;甚至一些高档的电子游戏也使用了 GPS 仿真技术。

GPS 不仅可以实时确定运动目标的空间位置,还可以实时确定运动目标的运动速度。运动员在平时训练时,可佩戴微型的 GPS 定位设备,教练就能实时获取运动员的状态信息,基于这些信息,分析运动员的体能、状态等参数,并及时调整相关的训练计划和方法等,有利于提高运动员的训练水平。

2. 动物跟踪

如今,GPS 硬件越来越小,可做到一颗纽扣大小,将这些迷你型的 GPS 装置安置到动物身上,可实现对动物的动态跟踪,研究动物的生活规律,比如鸟类迁徙等,为生物学家研究各种陆地生物的相关信息提供了一种有效的手段。

3.GPS 用于精细农业

当前,发达国家已开始将 GPS 技术引入农业生产,即所谓的精准农业耕作。该方法利用 GPS 进行农田信息定位获取,包括产量监测、土样采集等。计算机系统通过对数据的分析处理,依据农业信息采集系统和专家系统提供的农机作业路线及变更作业方式的空间位置(给定 X、Y 值内),使农机自动完成耕地、播种、施肥、中耕、灭虫、灌溉、收割等工作,包括耕地深度、施肥量、灌溉量的控制等。通过实施精准耕作,可在尽量不减产的情况下降低农业生产成本,能有效避免资源浪费,降低因施肥除虫对环境造成的污染。

总之,全球卫星导航定位技术已发展成多领域(陆地、海洋、航空航天)、多模式(静态、动态、RTK、广域差分等)、多用途(在途导航、精密定位、精确定时、卫星定轨、灾害监测、资源调查、工程建设、市政规划、海洋开发、交通管制等)、多机型(测地形、定时型、手持型、集成型、车载式、船载式、机载式、星载式、弹载式等)的高新技术国际性产业。全球卫星导航定位技术的应用领域上至航空航天,下至捕鱼、导游和农业生产,已经无所不在了,正如人们所说的"GPS 的应用,仅受人类想象力的制约"。

# 第二节　RS 技术及其应用

## 一、遥感卫星

### （一）卫星成像基础理论

1. 框幅式成像方式

目前，传统的光学照相系统仍然继续用于空间测量，如俄罗斯的 SPIN-2 TK350、KVR-1000 相机提供具有制图质量的影像可以用来制作和生产 1：50000 的地形图及平面地图产品。美国航天飞机宇航员也定期通过 Hasselblad 和 Linhof 相机获取影像。

传统的光学相机是框幅式摄影，主要采用胶片作为感光材料，主要搭载于返回式卫星和航天飞机。这种框幅式相机属于静态成像，几何保真度好，可以建立无扭曲的立体模型。飞行摄影过程中采用类似于传统航空摄影的测量方案，相邻影像之间具有较大的航向重叠，可以采用少量控制点实现大范围的地形图绘制。

搭载于返回式卫星的框幅式相机可以在短时间实现对大面积地区的摄影覆盖，快速获取全球地形信息。与线阵推扫式的 CCD 相机相比，框幅相机在成像几何关系、覆盖面积以及测绘精度上仍具有明显的优势。框幅相机搭载于返回型测绘卫星将侧重用于目标定位、建立控制网以及在短期内建立起广大地区的空间基础数据——数字正射影像图、数字地面模型（DEM）、数字地形图等方面。它的缺点是由于摄影时间较短，云层对摄影覆盖的影像较大，需要通过卫星多次摄影来加以弥补。

2. 线阵 CCD 推扫成像方式

CCD（charge coupled device）称电荷耦合器件，是一种由硅等半导体材料制成的固体器件，受光或电激发产生的电荷靠电子或空穴运载，在固体内移动，达到一路时序输出信号。在数字摄影相机中，CCD 传感器的作用相当于航空胶片，它能记录光线的变化，即负责感受镜头捕捉的光线以形成数字图像。与传统胶片相比，CCD 更接近于人眼视觉的工作方式。

由于 CCD 传感器制作工艺的限制，大面阵的 CCD 相机的制造非常困难。因此，高分辨率遥感卫星都是采用线阵 CCD 推扫成像方式。以 IKONOS 卫星为例，它的全色传感器由 13816 个 CCD 单元以线阵排成，一次成像可覆盖地面上 11~13km 的范围，通过卫星的运动，CCD 阵列向前推扫，得以实现对地面的连续覆盖。根据相机中 CCD 阵列的数目不同，推扫式 CCD 相机可分为：单线阵 CCD 相机、双线阵 CCD 相机和三线阵 CCD 相机。

3. 遥感卫星严格成像模型

卫星的成像几何模型是进行影像定向和立体定位的基础，一般分为两类：严格成像模型和通用成像模型。一般地严格成像模型是从轨道模型、姿态模型、成像几何等方面出发来建立线阵推扫式成像的构象模型，得到类似于传统航空摄影测量的共线方程的类共线方程。

4. 遥感卫星通用成像模型

对于线阵 CCD 推扫式高分辨率遥感影像，存在长焦距和窄视场角的特征，如果采用基于共线方程的物理传感器模型描述这种成像几何关系，将导致定向参数之间的强相关，影响定向精度的稳定性。并且，物理传感器模型的建立涉及传感器物理构造、成像方式及各种成像参数，一些商业卫星的传感器参数出于技术保密的原因暂不公开，在这种情况下，无法使用严格的物理成像模型。此外，由于通用成像传感器模型与具体的传感器无关，因而更能适应传感器成像方式多样化的发展要求，所以说，通用传感器模型的研究已经渐渐成为当前的一个热门方向。

通用传感器模型的基本思想是：目标空间和影像空间的转换关系可以通过一般的数学函数来描述，并且这些函数的建立不需要传感器成像的物理模型信息。常见的通用传感器模型有：有理多项式函数模型 RPC( Rational Polynomial Coffcient Model )，仿射变换模型 ATM( Affine Transformation Model ) 和直接线性变换 DLT( Direct Line Transformation )。IKONOS 卫星的成功发射推动了对有理函数模型 RPC 的全面研究，基于 RPC 模型的平差的误差传播理论、运用 RPC 模型在城区和山区测图的可行性研究，基于 RPC 模型的 IKONOS 立体影像处理的理论、方法也已经得到广泛的研究，并已应用于实际测绘生产中。

## （二）我国遥感卫星系列

### 1. 中巴资源卫星

中巴地球资源卫星是我国第一个传输型陆地光学遥感卫星系列，国内简称"资源一号"卫星（国际称为 CBERS）。该卫星项目是中国和巴西两国政府的合作项目。卫星由中国空间技术研究院（CAST）和巴西空间技术研究院（INPE）联合研制，研制工作以中方为主（70% 的份额）。

CBERS 卫星的技术发展可以分为两个阶段。第一阶段以 CBERS 01/02 星为代表，具有多光谱、红外以及中等分辨率，体现了 20 世纪 80 年代国际先进水平。第二阶段是以 02B/03 星为代表，具有多光谱和高、中、低不同分辨率的综合遥感信息获取能力，体现 21 世纪初国际先进水平。

CBERS 01/02 星是我国第一代传输型地球资源卫星。该卫星位于 778km 高的太阳同步轨道上，轨道倾角 98.5°，重复周期 26d。卫星上搭载了三种遥感相机观测地球，分别是 20m 分辨率、五个波段的 CCD 相机，79 分辨率、四个波段的 IRMSS 红外扫描仪，以及 258m 分辨率、两个波段的广角成像仪。其中 CCD 相机依然具有侧摆 ±32° 的能力，广角成像仪能够提供 890km 的宽视场覆盖。

CBERS-02B 卫星是我国第一颗民用光分辨率遥感卫星，CBERS-02B 卫星搭载的分辨率较高的仪器除了有空间分辨率 20m 的 CCD 相机和广角成像仪外，还搭载了空间分辨率 2.36m 全色相机 HR。其中 CCD 相机依然具有侧摆 ±32° 的能力，可以实现灵活动态的监测，但由于它自身分辨率的限制，很难获取立体像对用于高精度 DEM 的提取。全色相机 HR 具有很高的空间分辨率，其影像具有广泛的用途，但其不具备侧摆功能，没有立体测图能力。在无地面控制点的情况下，CBERS-02B 卫星影像在进行几何纠正的平面定位精度是 200m 左右，在加入地面控制点后平面定位精度为 20m 左右。

按计划，我国将于 2010 年发射 CBERS03 星。在 CBERS 系列卫星计划中，03、04 星将进一步增加一个具有侧摆能力的高分辨率的全色相机，其空间分辨率 5m，具有侧摆 ±32° 的能力，这使得未来 CBERS 卫星具有较高的立体测图能力。该相机还能同时获取 10m 分辨率、三个波段的光多谱影像，通过影像融合，可以提供高分辨率的彩色影像。

2. 环境与灾害监测预报小卫星星座

"环境与灾害监测预报小卫星星座"的建设目标就是要通过构建由多颗小卫星组成的星座，建立起先进的灾害与环境监测预警体系，得以实现大范围、全天候、全天时、动态灾害与环境监测。根据灾害和环境保护业务工作的需求，"环境与灾害监测预报小卫星星座"系统选择具有中高空间分辨率、高时间分辨率、高光谱分辨率、宽观测幅宽性能，能综合运用可见光、红外与微波遥感等观测手段的光学卫星和合成孔径雷达卫星组成来实现灾害和环境监测预报对时间、空间、光谱分辨率，以及全天候、全天时的观测需求。

"环境与灾害监测预报小卫星星座"建设采用分步实施战略，第一步发射 2 颗光学小卫星和 1 颗合成孔径雷达小卫星（"2+1"方案），已初步形成对我国灾害和环境进行监测的能力。第二步实现由 4 颗光学小卫星和 4 颗合成孔径雷达小卫星组成的"4+4"星座方案，形成利用空间技术支持灾害和环境监测与预报的业务运行能力。

两颗光学遥感卫星——环境与灾害监测预报小卫星 A、B 星（简称 HJ-1A 和 HJ-1B）已成功采用一箭双星的发射方法发射入轨，两颗卫星在空间中组成相差 180° 的星座系统，各传感器都开始运行良好，顺利传回数据并将其提供给国家减灾委、生态环境部等单位。即将发射的 HJ-1C 星将是一个雷达卫星，与 A、B 组成初步观测星座。

3. TS-1 卫星

TS-1 卫星是我国第一颗传输型的测绘微小卫星，由哈尔滨工业大学研制发射。TS-1 卫星上搭载了三线阵 CCD 相机，空间分辨率为 10m。三线阵 CCD 的设计使 TS-1 卫星影像可以进行立体测图，其立体像对能够获得相对高程精度为 5~8m，相对平面精度 25m 的定位精度。对于境外目标点，无控制点下绝对定位精度为 180m。

## （三）国外遥感卫星系列

1. IKONOS 卫星

IKONOS 卫星是 Space Imaging 公司于 1999 年发射的高分辨率商业遥感卫星系统，是世界上第一颗提供米级高分辨率卫星影像的商业遥感卫星。IKONOS 卫星提供的全色影像分辨率达到 1m，可以满足万分之一比例尺测图精度要求。IKONOS 卫星提供用户使用的标准产品还包括 4m 分辨率的多光谱遥感影像数据和 1m 分辨率增强型彩色遥感影像数据（多光谱影像与全色遥感影像的融合影像）。IKONOS 卫星影像的扫描幅宽为 11~13km，所有的影像都具有 11bit 的量化等级，因而影像包含有更加丰富的信息。

IKONOS 卫星的传感器具有十分灵活的机械设计，可以通过 CCD 相机前后摆动获取同轨立体影像，同一像对中的两景影像采集间隔时间仅 30~40s，辐射变化极小，便于匹配处理。Space Imaging 公司对 IKONOS 卫星的成像模型保密，提供有理多项式模型代替严格成像模型。IKONOS 提供立体影像数据可分为 3 级：

（1）标准立体影像数据没有经过地面控制点纠正，其平面精度和高程精度分别为 25m 和 22m。

（2）精纠正立体影像数据经过地面控制点纠正，其全色波段平面精度和高程精度分别为 4m 和 5m，多光谱波段的平面精度和高程精度分别为 6m 和 9m。

（3）增强型精纠正立体影像数据亦经过地面控制点纠正，其全色波段平面精度和高程精度分别可以达到 2m 和 3m，主要用于测制相应比例尺地形图、影像地形图。IKONOS 同时还提供数字高程模型的数字产品，共有 3 级，其高程精度分别为 30m、12m 和 3m（有地面控制点）。可以根据用户的要求提供多种遥感数据产品。目前各主要遥感影像处理软件都有处理 IKONOS 影像的专门模块，经过 Space Imaging 认证并提供 IKONOS 影像处理模块的软件有：ERDAS、PCI、LH System、Carterra Imagine、ZI Imaging、ENVI。

IKONOS 卫星上装载有高性能的 GPS 接收机、数字式恒星跟踪仪和激光陀螺，可以提供较高精度的卫星星历和姿态参数，保证了在没有地面控制点的情况下，IKONOS 卫星影像也能达到较高的地理定位精度。

IKONOS 具有灵活的侧摆能力，卫星可从星下点两边侧摆各 50°，这也使得它具有很短的重访周期，对目标具有很强的机动覆盖能力。粗略地说，以 1m 的分辨率，IKONOS 的重访周期是 3 天，以 1.5m 的分辨率，IKONOS 的重访周期是 1.5 天。从 IKONOS 的影像中能分辨出道路、管线甚至卡车，被广泛应用于城市规划、环境与农业监测、自然灾害评估、电信以及石油和天然气勘探等。IKONOS 卫星同时也是军事普查卫星，可发现导弹和导弹阵地，识别坦克、军用车辆和部队单位，识别战斗机等。目前，IKONOS 遥感卫星亚洲的地面站设在韩国首尔，覆盖范围涵盖了我国东北及中、东部地区，西部达到贵州、成都、西宁及内蒙古地区。地面站日最大接收区域面积为 25 万 $km^2$。

2.QuickBird 卫星

QuickBird 卫星由美国 Digit Globle 公司于 2001 年发射。QuickBird 卫星的全色波段的分辨率达到了 0.61m，这是目前仅次于 WorldView-I 的全球第二高分辨率的商业遥感卫星。QuickBird 同时还提供 4 个多光谱波段影像，分辨率为 2.44m。同 IKONOS 一样，QuickBird 影像也具有 11bit 量化等级。QuickBird 影像产品分基本影像、标准影像、正射影像、立体像对等不同类型，从波段组成上影像产品分全色波段影像数据、多光谱影数据、全色波段影像数据与多光谱影像数据产品包、融合影像数据。QuickBird 影像的几何定位精度也非常高，在无地面控制点的情况下，基本影像（Basic 级，未经过几何处理）就可以达到 14m。

与 IKONOS 卫星类似，QuickBird 卫星也具有推扫、横扫成像能力，可以获取同轨、异轨立体像对，一般以同轨立体为主。QuickBird 提供 Basic 级的立体影像，Basic 级的立体影像的全色分辨率大概为 0.78m(倾斜 30°)，多光谱影像分辨率为 3.12m。立体影像的基高比为 0.6~2.0，绝大部分情况下在 0.9~1.2 范围内，适合提取 DEM 或三维地物提取。Digit Globle 公司同时提供亚米传感器模型和有理多项式系数模型来处理 Quickbird 影像。

QuickBird 具有很高的地面覆盖幅宽，当垂直摄影时（分辨率 0.61m），覆盖幅宽为 16.5km，当倾斜 30° 成像时（分辨率 1m），地面幅宽为 22km(这在米级分辨率的卫星中是最宽的，IKONOS，只有 11~13km，Orbview-3 卫星仅 6km)。较宽的覆盖范围提高了数据的获取效率，也减少了后续镶嵌等的工作量。QuickBird 卫星具有海量星上存储能力，单景影像比其他的商业高分辨率卫星高出 2~10 倍。QuickBird 卫星系统能够提供大量的存档数据（以我国为例，存档数据大约覆盖了 500 万 $km^2$）和预订购影像，卫星数据广泛应用于城市规划、军事侦察、工程建设、人员救援、新闻报道等。

3.WorldView 卫星

WorldView 卫星同样是 Digit Globle 公司经营管理的，是 QuickBird 之后的下一代高分辨率遥感卫星。第一颗卫星 WorldView-I 已于 2007 年成功发射，第二颗 WorldView-II 也在发射计划中。WorldView-I 是目前地球上分辨率最高、响应最敏捷的商业成像卫星。WorldView-I 的全色影像分辨率达到星下点 0.41m，在倾斜 20° 成像时分辨率 0.55m。由于美国政府的禁令，对于非美国政府用户，即使获得 0.41m 的影像，也必须强制重采样到 0.5m 出售。WorldView-I 不提供多光谱影像，但在计划中的 WorldView-I 卫星将能够提供 8 个波段的分辨率为 1.8m 的多光谱影像。

WorldView-I 进一步提高了机动覆盖能力，在 1m 分辨率情况下，平均重访周期为 1.7d，在 0.51m 分辨率下，平均重访周期为 5.9d，WorldView-I 继承了 Quickbird 大幅宽的优点，垂直摄影时，幅宽为 18.7km。WorldView-I 卫星具有更大的星上存储系统，大容量全色成像系统每天能够拍摄多达 50 万 $km^2$ 的 0.5m 分辨率图像。

WorldView-I 卫星具备更高的地理定位精度，在无控制点时，平面定位精度为 5.8~7.6m（CE90），在存在地面控制点的情况下，平面定位精度可达到 2m( CE90 )。该卫星还具有极佳的响应能力，能够快速瞄准要拍摄的目标和有效地进行同轨立体成像。

WorldView-I 卫星的成功发射进一步推动了高分辨率遥感影像的应用，我国的第二次土地调查将部分采用 WorldView-I 卫星影像。著名的遥感影像处理软件 REDAS 也已经增加了处理 WorldView-I 卫星影像的模块。

4.Obview 卫星

Obview 卫星是由 OrbImage 公司负责经营的高分辨率遥感卫星，目前在轨运行的是

Orbview-3 卫星。OrbView-3 提供空间分辨率 1m 的全色影像和 4 个波段的空间分辨率为 4m 的多光谱影像，影像幅宽为 8km。OrbView-3 具有最大 45° 的侧视角，可以形成立体影像，卫星重访周期小于 3d。

OrbView-3 卫星 1m 分辨率的影像能够清晰地看到地面上的房屋、汽车和停机坪上的飞机，并且能生成高精度的电子地图和三维飞行场景。4m 多光谱影像提供了彩色和近红外波段的信息，可以从高空中更深入地刻画城市、乡村和未开发土地的特征。OrbView-3 卫星影像被广泛应用于测绘制图、军事侦察、农作物长势监测与预测、森林监测和管理、海岸带测绘与环境监测、自然灾害灾情评估等。

5.GeoEye 卫星

GeoEye 系列卫星是 IKONOS 和 OrbView-3 的下一代卫星。2005 年，Space Imaging 公司（IKONOS 的所有者）因为竞标失败，没有得到美国政府的订单，所以被 OrbImage 公司（OrbView 的所有者）收购。合并之后的公司称为世界上最大的商业高分辨率遥感卫星运营公司，其计划中的卫星 OrbView-5 继承了 IKONOS 和 OrbView-3 两颗卫星的设计优点，并在最新计划里名称被改为 GeoEye 1。OrbImage 公司原计划于 2007 年发射该卫星，但直到 2008 年 9 月才成功发射，并由于软件故障直到 12 月才开始提供商业影像产品。GeoEye 1 卫星的全色影像具有 0.41m 的空间分辨率，4 个波段的多光谱影像具有 1.64m 的空间分辨率，影像的幅宽也达到 15.2km。GeoEye 1 卫星每天能获取 120 万 $km^2$ 的影像，重访周期小于 1.5d。GeoEye 1 卫星的影像采集速度也有明显提高，较之 IKONOS，CeoEye 1 的全色影像采集速度提高了 40%，多光谱影像采集速度提高了 25%。在没有地面控制点的情况下，GeoEye 1 单张影像能够提供 3m（CE90）的平面定位精度，立体影像能够提供 4m（CE90）的平面定位精度和 6m（LE90）的高程定位精度。

6.SPOT 卫星

法国 SPOT 系列卫星以稳定性、较高的分辨率、成功的商业运作模式而著称，也是全球最具影响力的遥感卫星之一。2002 年，最新的 SPOT-5 发射成功。SPOT-5 上搭载了两套高分辨率成像装置 HRG（High Resolution Geometric）和 HRS（High Resolution Stereoscopic）。

HRG 由法国两条线阵 CCD 探测器构成，它们安置在同一焦平面上，并在飞行方向和线阵方向上分别交错半个像元排列。在通常情况下，HRG 装置获取 5m 分辨率的全色影像，在 Super mode 模式下，HRG 可以将地面分辨率提高到 2.5m。HRG 的成像条带的幅宽为 60km。HRG 可以通过左右侧摆，获取异轨立体影像。

HRS 是双线阵 CCD 相机，由前视、后视 CCD 相机组成，两个 CCD 相机的望远镜系统在轨道面内前后偏离铅垂线的夹角均为 20°。获取立体成像时，前后视传感器成像时间相差只有 90s，避免了由于成像时间差过大引起的影像色调变化，便于后续摄影测量处理。HRS 获取的同轨立体影像的基高比可达 0.84，良好的基高比保证了生成 DEM 的精度。HRS 双线阵 CCD 的设计使其具有获取连续立体像对的能力，可用于大范围的 DEM 和三维目标信息的提取。

SPOT-5 采用了新的恒星跟踪仪和定轨装置 DORIS，可以更精确地测定卫星位置和姿态，从而有效地提高了影像的定位精度。SPOT-5 影像数据在城市规划、测绘和军事等方面得到广泛应用。

Pleiades 卫星将是法国 SPOT 系列卫星之后的高分辨率遥感卫星计划，与 SPOT 卫星不同的是，Pleiades 卫星是一种小卫星。Pleiades 卫星采用了单线阵 CCD 成像装置，其全色分辨率为 0.7m，多光谱则为 2.8m。Pleiades 卫星具有较大的影像幅宽，约为 20km，Pleiades 卫星的辐射分辨率为 12bit。

Pleiades 卫星能以 40°倾角前、后视成像，具有同轨与异轨立体或三立体成像能力，立体像对覆盖面积为 350km$^2$。Pleiades 卫星携带有 3 台星相机、DORIS 接收机和惯性测量设备，可提供较高精度的定轨与测姿数据。在不利用地面控制点的情况下，其地理定位精度为 20m，利用地面控制点则可获得 1m 的定位精度。

7.IRS 卫星

印度是较早开展空间遥感技术开发并取得成功的发展中国家，IRS 卫星是印度的资源卫星系列，其中具有高空间分辨和立体测图能力的是 IRS-P5 卫星和 IRS-P7 卫星。

IRS-P5 又名 Cartosat-1，空间分辨率为 2.5m，可以获取高性能测量的立体图像，制作地形的数字地图和比例为 1：10000 的测绘地图，其地形高程的确定精度 5m。卫星数据具备真正 2.5m 分辨率，应用尺度能够达到 1：10000；在制图方面，像对生成 DEM 以及制图精度可达 1：25000。采用 10bit 量化等级，通过传感器侧视，重访周期为 5d。

Cartosat-1 搭载两个 2.5m 空间分辨率的可见光全色波段摄像仪，沿轨道方向一个前视角 26°、一个后视角 5°，两个相机获取同一景的影像的时间差仅为 52s，因此获取的立体像对的辐射效应基本一致，更有利于立体观察和影像匹配。形成像对的有效幅宽为 26km，基线高度比为 0.62。Cartosat-1 另一个显著的特点是两个相机具有两套独立的成像系统，可以同时在轨工作，这样就能构成一个连续条带的立体像对，在地面情况良好时，该条带长度可达数千公里。

在印度果阿由国际摄影测量与遥感学会 ISPRS 和印度空间研究组织 ISRO 举办研究会，在"Cartosal-1 科学评价项目 C-SAP"中，应用 Cartosat-1 立体像对在欧洲和美洲 20 多个测区进行测试，测试地区涵盖城区、山地、农用地和林地。从数十位测试专家的评价结果看，就立体数据的质量而言，Cartosat-1 的正射影像和 DEM 在几何精度和内容信息方面有很大的潜力，可以将其应用于以下方面：

更新 1：25000 和 1：50000 比例尺地图；制作新的 1：25000 的地形图；制作 1：10000 比例尺的专题地图；地图等高线间距可以达到 10m。

Cartosat-2 卫星（P7）于 2008 年 4 月份发射，目前已成功接收到卫星影像。Cartosat-2 卫星没有延续 Cartosat-1 的双线阵 CCD 相机设计，而是采用单线阵 CCD 相机，其全色影像分辨率为 1m，影像幅宽 9.6km。Cartosat-2 卫星具有前后左右最大侧摆 45°的能力，可以获取同轨或异轨立体影像，用于测图和三维地形建模。Cartosat-2 卫星重访周期为 4d，必要时候，通过轨道机动可以提高到 1d。

8.ALSO 卫星

ALOS 卫星是日本的一颗高分辨率陆地卫星，用于绘制日本和亚太地区国家的地表图，也用于监视、防灾和环境保护。ALOS 卫星上装载的 PRISM 是世界上第一台真正的星载三线阵测绘相机。PRISM 前、正、后视相机有固定的几何关系，前视和后视相机的倾角为 ±23.8°，这样一来，基高比就设定在 1.0，非常适合立体成像。比较其他同类卫星所采用的通过单台相机前后摆动获得同轨立体而言，其几何关系更为固定，图形强度也更好。ALOS 的三线阵相机的设计具有很强的同轨立体成像能力，可以获取连续的立体像对，立体像对的幅宽也较宽，大约为 30km。ALOS 卫星不具备侧摆功能（左右方向侧视倾角最大为 1.2°），因此它的重访周期是同类卫星当中最长的，为 46d。

为了匹配 PRISM 的高精度，ALOS 上还装有 3 台用于姿态测量的星跟踪器和 1 部精确定轨的双频 GPS 接收机，使得不用地面控制点就可以制作出精度非常高的数字高程模型。ALOS 卫星最初的设计出发点主要是无控制点下 1：25000 地形图的绘制，日本科学家通过实际验证，认为 ALOS 影像已经达到了这一目标。ISPRS 的工作组报告中则提出，在有良好的地面控制点的情况下，ALOS 立体影像的平面定位精度可达到平面 1.2~2.3m（RMS），高程 1.0~2.5m（RMS）的精度。

9.Resurs DK1 卫星

Resurs-DK1 卫星是俄罗斯的第一颗高分辨率传输型民用对地观测遥感卫星，于 2006 年发射成功。Resurs-DK1 高分辨率全色影像和多光谱影像，其全色图像分辨率为 0.9~1.7m，彩色图像分辨率为 1.5~2m。该卫星一天内可以拍摄约 70 万 km² 的面积。Resurs-DK1 卫星影像还可以同时提供分辨率接近的全色影像与多光谱影像数据，融合影像效果好，影像信息丰富。

Resurs-DK1 遥感影像非常适用于地图制图，经正射处理后的制图精度满足 1：5000 制图要求。卫星除提供 1m 全色数据外，还提供空间分辨率达 2m 的多光谱数据，影像不仅具有丰富的光谱信息，同时纹理细节丰富，二者融合可以获得信息更为丰富的影像，在植被类型、土地利用、矿产资源调查等方面具有很可观的应用前景。Resurs-DK1 不具备侧摆功能，不能获得立体影像，无法进行立体测图。Resurs-DK1 卫星能够为高纬地区提供高质量影像，这对我国西部高纬地区的测图具有重要意义。

## （四）卫星影像质量评价

遥感卫星影像在成像或传输过程中可能会出现几何畸变、信息量减少，并附加额外噪声而引起影像质量的下降。遥感影像质量的优劣直接影响其后续产品如数字线画图、数字高程模型等的质量。通过质量评价可以对影像的获取、处理等各环节提供监控手段，同时影像质量评价还对遥感器的检校具有指导意义。

数字影像的质量由几何质量、构象质量和元数据质量三方面所构成。其中几何质量描述了影像能正确恢复原始重物位置和形状的能力；构象质量反映了影像对某一波谱段的敏感能力和能为目视分辨相邻两个微小事物提供足够反差的能力；元数据是描述数据的数据，数字影像相应元数据文件的完整与可靠程度直接影响数字影像的应用范围。

在购买遥感影像时，首先应该明确影响成像和接收的参数范围，如影像的云雾覆盖量、影像成像侧视角、影像接收倾角以及影像的成像时间等。在满足这些要求的情况下，获取影像后，可采取以下方法进一步评价其质量。

1. 目视判读质量

主要由经验丰富的解译员通过目视来判断影像光谱信息是否丰富，纹理结构是否清晰，影像的云雾量的多少，影像的对比度和反差如何，是否存在局部的几何失真、变形，以及镶嵌影像有无明显的接缝、色彩过渡是否自然等。判断影像中能否清楚地分辨出各种地物类型，以满足目视解译要求。

2. 影像直方图

直方图是一种很有用的遥感信息图形表达方式。在许多遥感研究中，经常要显示和分析每个波段的直方图。直方图能够为分析人员提供一种原始数据质量的评价方式，如影像对比度的高低和实际影像是否具有多峰性等，直方图经常被用于影像增强的效果评价。

3. 查看影像中特定位置和地理区域的像元亮度

查看影像中单个像元亮度值是数据质量和信息量评价的有效手段之一。事实上，所有的数字影像处理系统都允许分析人员进行以下操作：

鼠标在影像栅格上移动显示该点对应地理坐标和 n 波段上单点的亮度值；以矩阵（栅格）形式显示单波段上像元的亮度值。

根据以上功能，可以根据地理位置，考察特定地物的像元亮度值来评价影像的质量。对于小面积内地理区域，可以采用将地理区域内各个像元的亮度值生成伪三维表达，进行可视化观察评价影像质量。

4. 影像元数据检查

元数据包括：文件名、最后修改日期、量化等级、行列数、波段数等元数据称为描述数据的数据，数字遥感影像的元数据包括影像数据的获取方式、格式、质量等参考信息。归纳起来这些参考信息可以分为以下三类：

（1）有关影像获取的信息，包括传感器的类型、检定参数、摄影时间、像元大小、摄影焦距、航高、存储格式、量化等级、行列数、波段数、一元统计量（最大最小值、均值、中值、众数）、地理参考的说明等。

（2）影像的处理过程。如果产品是正射影像，则应包括采用的几何和辐射纠正方法，纠正原始数据的来源如 DEM 数据的来源、精度以及控制点的来源、精度等。

（3）影像的质量检查状况，包括采用的检查方法、过程、检查结果等。有关质量检查情况的内容有利于用户确定产品的可用性和质量、精度的支持程度等。

数字影像的元数据通常会以数据文件形式存在，利用计算机可以通过在元数据文件中设立相应的标志，以实现对元数据文件完整性的自动检查。

5. 影像几何质量评价

对遥感影像的几何质量检查主要采取地面检查点来进行。在影像上选定一定数量的检查点，利用 GPS 或其他手段得到检查点的一组高于正射影像精度的坐标，将这组坐标与影像上判读出来的检查点坐标比较，利用两者的坐标差描述影像的几何质量。地面检查点的选择应遵循易于辨认、分布均匀的原则。

对于正射影像，也可以将其与更高一级精度的地图进行叠加，通过两者的符合性进行检查。

另外，还可以采用计算影像的调制传递函数和对影像进行统计学分析等方法对影像质量进行评价。

# 二、遥感应用

## （一）卫星测图

使用航空像片测绘地形图的技术已相当成熟，它的进一步发展是与计算机和自动控制技术结合起来，实现测图自动化。但航空像片覆盖面积小，全世界那么大的地方不可能在短时间内拍摄全部的陆地，而且价格昂贵。而卫星像片覆盖面积很大，能在短时间内对全球摄影一遍，还可进行重复摄影。随着分辨率的提高，测图比例尺也在不断提高。

1. 卫星测图现状

1986 年法国 SPOT 卫星的成功发射为卫星影像在测绘中的应用带来了重大影响。这颗卫星的传感器具有 10m 的地面分辨率，并能通过侧视观测在相邻轨道间构成异轨立体，其良好的基高比使 SPOT 影像适用于立体测图。随后，系列中分辨率遥感卫星如 IRS、MOMS 等相继投入使用，这些卫星影像主要用于绘制大范围、小比例尺的地形图，而仍不能用于绘制大比例尺（1 : 10 000，1 : 2500，1 : 1 250）地形图。高分辨率遥感卫星 IKONOS、OrbView-3 的出现，直接开创了卫星影像测图的新纪元。IKONOS 和 OrbView-3 的影像空间分辨率均达到了 1m，可以绘制 1 : 10000 的地形图。目前，分辨率高达 0.5m 的卫星 WorldView-1、WorldView-2 和 OrbView-5 正在研制中。一旦这些卫星投入使用，它们将进一步推动卫星影像测图的发展。随着空间分辨率的不断提高、立体成像能力的逐步增强，影像的获取价格将呈现出下降的趋势，则卫星测图将会得到越来越多用户的认可。

2. 卫星影像测图的原理

高分辨率遥感卫星大多采用线阵列推扫式 CCD 传感器，可在沿轨方向上通过前后视或者前（后）与正视影像来获取同轨立体像对，而在横轨方向上以一定角度左右侧视获取异轨立体像对。线阵 CCD 传感器的成像方式不同于传统的中心投影成像，而是由中心投影和线阵扫描联合构成影像，即每一扫描行影像与被摄物体之间具有严格的中心投影关系，并且都有各自的外方位元素，行与行之间是平行的投影关系。

## （二）地形图更新

长期以来，系列中小比例尺地形图的更新，一直是采用航空摄影测量的方法。但由于受摄影资料获取速度慢、航摄成本高、摄区范围小、天气影响严重等客观因素的限制，就使得地形图更新周期过长，现实性较差。航天遥感高新技术的迅速发展，为快速成图和地形图更新开辟了一条崭新的途径。卫星遥感影像更新地形图的优越性主要体现在以下几个方面：

1. 使用卫星遥感数据修测地图，比常规方法大大缩短了时间。

2. 在测图或更新修测地图的作业中使用卫星影像要比使用航空像片的数量大大减少，从而大量地避免了烦琐重复的像片处理工作，同时降低了成本。

3. 卫星遥感制图使用的图像资料标准一致，规格统一，是短时间在相同的条件下获得的，能保障地图产品在内容上的协调和作业过程的统一。

## （三）土地详查

土地详查以外业调绘、航片转绘、土地面积量算和土地利用现状图的编制为核心阶段。传统的土地利用调查方法主要是人工调查方法，以野外测量为主，耗费大量的人力、物力，且难以直接快速、全面、准确地获取土地利用变化数据。随着现代工农业的快速发展，土地利用变化日趋频繁。显然，利用常规的监测手段难以满足快速、准确监测土地资源变化的需求，而遥感信息具有覆盖面积大、准确可信、速度快、实时性和现势性强以及省时、省力、费用低等优点，因此在土地利用调查和土地利用动态监测中得到了广泛的应用。

利用卫星遥感影像进行土地利用调查，其主要工作内容包括以下几个方面：多源遥感数据的获取及分析，影像校正、配准、融合等预处理，变化信息的提取及类型的确定，外业调查核实，土地数据库更新，精度评定。

1. 遥感影像的获取及分析

遥感影像的选择与季节有很大的关系，在土地资源调查中，要求被选择的影像能够最大限度地反映当地地表覆盖的情况，尤其是植被的覆盖情况，与当地的气候密切相关。如在东北地区，每年的 5 月中旬至 10 月中旬植被处于生长期，这个阶段的影像可以用于土地详查。其中 7、8 月份由于植被处于生长旺盛期，故此时期的影像是最佳选择。由于遥感影像是从高空获取，低空云量大小和大气的透明度直接影响影像质量，故在选择影像时应特别注意含云量和蒙雾度。

2. 预处理

为了将全色影像同多光谱影像进行融合，首先要进行二者的几何配准（影像配准是将同一地区的不同特性的相关影像在空间几何上相互匹配，即实现影像与影像之间的地理坐标和像元空间分辨率上的统一），然后将全色影像和多光谱影像进行融合。最后利用 GPS

地面控制点和数字高程模型 DEM 对融合后的影像进行几何精度纠正，从而获得正射影像图。

3. 变化信息的提取及类型的确定

结合多光谱遥感影像的光谱特征和高分辨率影像的纹理特征进行分类，将分类结果与土地利用详查数据库进行叠加，根据土地利用基础图件和遥感影像进行计算机变化信息的辅助识别，从而得到可能变化的区域。

将遥感影像、土地详查矢量数据、计算机辅助识别的变化图斑在同一坐标空间进行栅格矢量的混合叠置，并加入前期外业的解译标志层，人机交互进行变化信息的提取。应首先提取线状地物，再提取变化图斑。整理变更调查资料，凡是变更调查记载的变更图斑，一定要注意影像是否变化，如有不一致的情况，记录下来留待外业核实。

4. 外业调查核实

利用外业调绘图，根据提取的变化信息和地类标注，实地对变化的土地类型进行调查、记录、形成逐个图斑解译与边界勾描清楚的变化地类调绘图。根据外业调查结果重新修改变化图斑界线和地类；扫描数字化外业调绘图，并根据公里格网点进行纠正和拼接。

5. 土地利用现状数据库的更新

在 GIS 的支持下，修改编辑变化的图斑层，建立图斑层的拓扑关系，生成图斑属性表。利用 GIS 的矢量叠加功能，将变化图斑层与详查数据库进行叠加运算，生成新的土地利用数据库文件。通过土地利用数据库系统的面积量算和平差功能，填写面积表格，并生成标准格式的分幅土地利用现状图。

## （四）遥感动态监测

1. 遥感方法动态监测沙尘暴

沙尘暴对生态系统的破坏力极强，它能够加速土地荒漠化，并对大气环境造成严重的污染，使城市空气质量显著下降，对农业、牧业、工业及交通运输均会造成不良影响。沙尘暴的监测方法中，传统的地面监测方法受到许多因素的制约，不能很好地刻画沙尘暴过程。卫星遥感技术可以从空间上捕捉沙尘天气动态信息，而且时间分辨率高，是目前最为有效的监测、跟踪、分析沙尘天气的手段。

沙尘暴的发生改变了遥感信息的重要传输介质大气的特性，当利用卫星遥感技术对沙尘暴进行遥感监测时，遥感信息在沙尘暴影响区的传输是相当复杂的。沙尘暴多由大粒子物质组成，其粒子的反射特性更容易被卫星遥感探测获取，沙尘暴的监测实质就是如何在遥感数据中区分沙尘、大粒子云、气溶胶等具有较大相似性的粒子。由于沙尘粒子的分布跨度较大，观测到的粒子的半径 r 可以为 $0.1 \sim 100 \mu m$，较强沙尘天气粒子半径分布最大值常在 $5 \sim 10 \mu m$ 之间。在可见光波段，当比值 r/A>1，出现无选择性散射。另外，大气分子与微粒气溶胶对可见光有较强的散射，成为大气沙尘遥感的干扰因素。而对于近红外 $1.6 \mu m$ 波段，沙尘粒子半径与波长接近，适合用米氏散射解释，并且大气分子与微粒气溶胶对红外辐射干扰较小，从而在监测较强的大气沙尘时，可以忽略分子与微粒气溶胶的影响。同时 $1.6\mu m$ 波段对大气沙尘的遥感特征是线性分布的，即它的测值与沙尘强度的变化相一致，这对沙尘暴的监测具有重要意义。

热红外辐射在沙尘天气遥感中也有重要意义。地表加热状况、边界层热输送、沙尘层厚度、潜热转换以及辐射传递中的吸收消光等与沙尘天气的起因、强度和消散等有显而易见的关系。因此，在沙尘天气的遥感监测中，热红外辐射信息是重要变量。

2. 农作物生长状况及其生长环境的动态监测

在遥感图像上，反映作物生长状况和生长环境的因子主要分为两类，即作物结构特征和叶子与土壤的光谱特征。

作物结构特征是反映其生长状况的重要因子，它包含在两个方面，即叶面积指数分布函数和叶倾角分布函数。叶面积指数是影响作物反射率的一个重要因子，随着作物生长周期的不同，或者作物是否受到病、虫害的影响，叶面积指数也随之发生变化，因此，叶面积指数可以反映作物的生长状况。叶倾角分布函数直接影响叶子截取光能的效率，从而决定了叶子的光合有效面积。不同作物在不同生长周期或者不同状况有着不同的叶倾角分布，因此叶倾角分布也是反映作物生长状况的一个重要因子。

反映作物生长状况和生长环境的另外两个重要因子是叶子光谱特征和土壤光谱特征，它们对作物的反映特性起着重要作用。叶子光谱特征反映叶子内叶绿素含量的状况，直接决定了叶子光合作用的能力，是影响作物生长的重要因素，因此，作物生长的好坏直接反映在叶子光谱特征上。土壤光谱特征反映土壤的含水量、土壤肥力等作物生长的环境。土壤含水量和土壤肥力发生变化，会在土壤的光谱特征上明显体现出来，因此，土壤的光谱特征是反映作物生长环境的一个重要因素。

利用遥感图像的多波段特征可以进行作物生长状况及生长环境的动态监测，它包括两个方面：一是通过绿色植物的红光吸收波段和近红外反射波段的光谱特征对影像进行不同绿度值的数字图像处理，利用这种绿度值的数字图像，提取叶面积指数和叶倾角分布信息，从而可以了解作物的生长状况。二是通过卫星影像背景值和热红外波段的影像特征来了解土壤的含水量及肥力，从而了解作物的生长环境。

随着遥感技术的飞速发展，一些新型传感器，如具有高光谱分辨率的成像光谱仪和多角度探测器等，在作物生长监测中将发挥更大的作用。例如，成像光谱仪的高光谱数据对叶子和土壤的光谱特征极为敏感，对监测作物生长状况和生长环境具有明显的优势；而利用多角度遥感数据可以反演作物的结构特征，从而分析作物的生长状况和生长环境，掌握其影响因子的变化规律。综合利用这两种数据，发挥各自的长处，就会有利于全面反演作物生长的各种要素。

3. 森林资源调查与动态监测

利用遥感技术进行森林资源调查和森林资源动态变化监测，形成森林资源信息综合化，这是现代森林资源管理中的一个重要方面。森林资源是陆地上的主要生物资源，具有分布广、生产周期长等特点。及时、准确地对森林资源动态变化进行监测，掌握森林资源变化规律，具有重要的社会经济和生态意义。

传统的森林资源二类调查中一直使用航片和地形图相结合的方式进行外业区划，调绘手图，寻找地物、成图和求面积。1986年北京卫星地面接收站正式投入运行，直接接收陆地卫星的光谱扫描仪（MSS）和专题绘图（TM）数据，大大推动了遥感技术在森林资源监测中的应用。2003年，国家林业和草原局做出了在全国范围内采用SPOT-5等高分辨率卫星数据开展森林资源调查的决定，从而掀起了新一轮的森林资源航天遥感调查热潮。SPOT-5遥感数据的高空间分辨率和多光谱分辨率为森林资源调查提供了丰富的、可靠的、高精度的基础数据源。从性价比来分析，在其他高分辨率遥感数据目前比较昂贵的状况下，SPOT-5遥感数据比较适宜应用于大面积的森林资源调查，可大幅度地减少森林调查的外业工作量，提高工作效率。

利用遥感技术对森林面积进行动态监测主要有以下几种方法：

（1）分类比较监测法。该方法首先对覆盖区的多时相遥感数据进行裁剪、几何精度纠正及影像增强处理，以增强原始图像的光谱信息，消除噪声，提高信噪比，以有利于遥感图像植被信息的提取；然后对影像进行监督分类，并通过目标判读以及结合地面调查数据对分类影像进行分类精度评价，在保证较高分类精度的条件下，对分类图像进行各类地物像元统计计算，计算出各类地物特别是各类林木的面积大小；最后对各个时相遥感影像中各类林木的面积进行比较计算，以此得到变化矩阵。这种方法尽管简单易行但受分类精度的限制，动态监测森林资源的精度不是很理想。

（2）图像差值法。以3个时相的TM影像对森林资源动态监测为例来说明图像差值法，将经过严格配准的3个时相遥感数据TM7、TM5、TM4三个波段做差值，得到差值图像ATM7、ATM5、ATM4，将这3层差值图像配以红（R）、绿（G）、蓝（B）进行彩色合成，从彩色合成图就可以看出用不同颜色显示的森林植被增加、减少、轻微变化或不变的位置和范围，同时也可以计算出变化的面积值。

（3）比值植被指数差值法。应用比值植被指数（IR/R）与植被生物量具有高相关性，所以通过比较不同时相的植被指数图像，可以有效地监测森林植被的变化情况。而且，比值还能够消除太阳高度角、大气状况、土壤水分等因素对遥感图像的影响，对非地类变化引起的差异进行压缩，进而突出地类的变化。由于森林植被消长剧烈影响植被指数变化，可以依据植被指数变化程度对林地消长进行检测，并依据一定阈值划分比值植被指数差值图像来检测变化区域的位置和面积大小。

（4）归一化差值植被指数法。由植被的光谱反射特性可知，红光波段（R）是叶绿素的吸收带，对应TM影像的3波段TM3；近红外波段（IR）是植被的强烈反射波段，对应于TM影像的4波段TM4。植被在这两个光谱范围的反射差异极大。归一化差值植被指数（NDVI）应用了植被红光区的强吸收、近红外波段高反射的特性，通过比值变换，使植被信号放大，并使植被群内方差缩小、群间方差变大，消除或减弱了地形阴影的影响，从而易于提取植被信息，区分植被的动态变化，所以在研究中被大量应用。

4. 森林火灾的动态监测

卫星遥感监测在森林防火中的应用，大大提高了对森林干旱、火灾的监测和预报能力，有效避免了常规监测手段在时间、空间上的不足，为确定灾害特征及开展减灾技术的研究，进一步做好森林防火工作提供了极具潜力的技术支撑。

数年前，黑龙江省大兴安岭发生特大火灾。火灾发生首先由气象卫星热红外图像发现高温火点区，但火势很快扩展。在抗灾的同时，利用 Landsat 卫星上的 TM 专题制图仪，实时接收现场图像，镶嵌成过火区的彩色卫星影像。从影像上可清楚地看到过火区南北100km，东西达 200km，到接收日还有明火在燃烧，但周围早已挖好隔离带，火势已被控制。经对影像分析建立重度、中度和轻度灾区的判读标志，并据此解译出此次火灾的灾情分布。灾情等级的划分原则为：

（1）重度灾区，为树冠火、地面火、地下火（地面植被及可燃堆积物内）通过地区。火焰温度高，全部立木及幼树、草、灌均烧死，图像上的特征显示为褐色连片区域。TM图像上清晰的形迹表明，重度灾区基本是火灾初期，由 3 个起火点因七八级大风所造成的火旋风及狂燃阶段所通过的区域。

（2）中度灾区，主要是地面火及树冠火通过的区域。图像显示为在褐色背景上分布细碎绿色区，表明林中下木、地被植物及部分树冠被烧，幼树及部分立木被烧死。

（3）轻度灾区，主要是地面火通过区域，立木基本未受损害。图像中显示为与未过火区相似的色调，但稍暗，与中度灾区相比，这种绿色区连片较大。

5. 洪涝灾情的动态监测

遥感技术对灾害监测评估有特殊的优势和潜力，尤其是对洪涝灾害的监测评估在我国已有较长的历史。早在 1983 年，水利部遥感技术应用中心就用地球资源卫星遥感影像调查了发生在三江平原挠力河的洪水，成功地获取了受淹面积和河道变化的信息。洪涝灾害的监测和评估从最开始时用 NOAA 气象卫星的 AVIRR 数据，发展到用陆地卫星的 TM 影像，再到采用全天候的机载和星载侧视合成孔径雷达（SAR）来监测洪水。在遥感数据传输方面，也研制成功了实时传输机载 SAR 图像的"机 - 星 - 地"系统。此外，在图像处理技术方面，如在数字遥感图像上提取耕地、居民地等目标物以及在 SAR 图像上提取水体的技术也日益成熟，基础背景数据库的建设也有一定进展。所有这些都为遥感技术实际应用于洪涝灾害的监测评估创造了良好的条件。

## （五）环境监测

目前，环境污染已成为一些国家的突出问题，利用遥感技术可以快速、大面积监测水污染、大气污染和土地污染以及各种污染导致的破坏和影响，还能发现用常规方法往往难以揭示的污染源及其扩散状态，因此遥感技术被广泛地应用于监测水污染、大气污染等环境问题。

1. 大气环境遥感监测

影响大气环境质量的主要因素是气溶胶含量和各种有害气体。对城市环境而言，城市热岛也是一种大气污染现象。

（1）大气气溶胶监测。在遥感影像上，工厂排放的烟雾、火山喷发产生的烟柱、森林或草场失火形成的滚滚浓烟以及大规模的尘暴都有清晰的影像，可直接圈定污染的大致范围。如火山正式爆发前会释放烟雾，据此可预报火山活动期的来临；利用周期性的气象图像可监测尘暴的运动，估算其运动速度，有效预报尘暴的发生。此外，大比例尺的航空遥感像片还可用来调查城市烟囱的数量和分布情况，甚至可以通过烟囱阴影的长度计算其大致高度。

（2）有害气体监测。有害气体不能在遥感影像上直接显示出来，只能利用间接解译标志——植物对有害气体的敏感性来推断某地区大气污染的程度和性质。一般来说，在污染较轻的地区，植被受污染的情形不宜被人察觉，但是其光谱反射率会产生明显变化，在遥感影像上表现为灰度的差异。生长正常的植物叶片对红外线反射强，吸收少，因此在彩色红外影像上色泽鲜艳、明亮，如臭椿呈发亮的朱红色，白杨为紫红色。受到污染的叶子，其叶绿素遭到破坏，对红外波段的反射能力下降，反映在彩色红外影像上颜色发暗，如白蜡树受污染后呈紫红色，柳树呈品红色夹带有蓝灰色。除植物的颜色以外，还可以通过植物的形态、纹理和动态标志加以综合判断。

（3）城市热岛监测。红外遥感图像反映了地物辐射温度的差异，能快速、直观而准确地显示出热环境信息，为研究城市热岛提供有效依据。红外遥感得到的是地物的辐射温度，而城市热岛的定性是以气温为依据的。气温的高低取决于诸多因素，但大气底层的气温尤与地面辐射强弱紧密相关。一般认为，气温、辐射温度和地表温度是相辅相成的，都可作为研究热岛的依据。只要掌握了相对的温度情况，即可直接用遥感影像上的温度定标读取辐射温度，辐射温度经过订正，可换算出地表真实温度。

2. 水环境污染遥感监测

对水体的遥感监测是以污染水与清洁水的反射光谱特征研究为基础的。总的来看，清洁水体反射率比较低，水体对光有较强的吸收性能，而较强的分子散射性仅存在于光谱区较短的谱段上。故在一般遥感影像上，水体表现为暗色色调，在红外谱段上尤其明显。为了进行水质监测，可以采用以水体光谱特性和水色为指标的遥感技术。

3. 土地环境遥感

土地环境遥感包括两个方面的内容：一是对生态环境受到破坏的监测，如沙漠化、盐碱化等；二是指对地面污染如垃圾堆放区、土地受害等的监测。

（1）生态环境的监测。森林或草场覆盖率是一个国家重要的国情指标，以往由于许多客观或主观上的原因，人们的统计资料常与实际情况有较大的出入，而遥感图像则能相当精确地提供这一数据。

利用多时相遥感图像可以推测沙漠化的进程。沙漠地区几乎没有植被，但是有沙丘或沙链等形态标志，能与周围地区明显区别开来，比较多年的沙漠区界线，就可得到沙漠的进退规律。

（2）土壤污染监测。土壤污染的监测通过植被的指示作用实现。土壤酸碱度的变化和某些化学元素的富集会使某些植物的颜色、形态、空间组合特征出现异常，或者使一些植物种属消失，从而出现另一些特有种属。据此规律反推，便可知土壤污染的类型和程度。例如钼的富集可导致树木死亡。非洲某地的钼矿体是根据其在原始森林中形成的植被"天窗区"而被发现的。铀矿使植物发生白叶病和矮化症，而瓦斯则可使植物巨型化或开花异常。其他如锌、铜、硼、锰等矿体的指标植物也都是通过土壤作为媒介来相互指证的。

（3）垃圾堆积区的监测。城市生活垃圾和工业垃圾常在规定的垃圾场堆积，在航空遥感影像上能显示出来，垃圾场一般呈圆锥形，在图像上有阴影伴随出现。如垃圾堆放时间过长，长满了植物，则不易与山丘区分，要根据实地调查情况加以确定。

## （六）沉降监测

合成孔径雷达干涉测量（InSAR）是一种提取地面垂直高度变化相关信息的技术，它利用雷达回波信号的相位信息来提取地表三维信息，通过差分干涉合成孔径雷达技术（D-InSAR）可以测量地壳垂直形变精度到毫米级。目前，该项技术已成功应用于地震形变与城市地表沉降研究。在煤矿区沉降方面，国内外学者应用 INSAR 技术对地下采煤造成的地面沉降也进行了许多研究，Stow 和 Wright 在英国的 Selby 煤田，Perski 在波兰的西里西亚石炭系上部煤盆地，对应用 SAR 干涉测量研究地下采矿的影响做过报道。国内许多学者也进行了相应的实验研究，都显示了该技术在地面沉降监测方面具有很大的优越性。

利用 D-InSAR 技术监测煤矿区地面沉降主要包括以下三个步骤：

1. 选择合适的雷达卫星数据，利用 D-InSAR 技术获得研究区的地面沉降差分干涉图，并反演出近 10 年间 3~5 期的地面沉降，分析不同时期地面沉降区域与沉降幅度。

2. 进行灾害地质调查工作，通过地面调查和高分辨率遥感图像解译，查明煤矿区发生的地质灾害概况，为综合分析提供基础数据。

3. 综合分析区域地面沉降与各种地质灾害的发生关系，并对未来该地区可能发生的地质灾害进行评价，分析危险区的空间分布，建议土地利用规划和补偿方式。与常规方法相比，利用 InSAR 技术对煤矿区沉降进行监测具有以下几个优势：首先，目前主要使用的 GPS 监测网，只能得到离散点位数据，难以全面监测矿区的地表形变，而 InSAR 技术可以弥补其不足，它不但具有全天候、全天时、稳定好、动态强等技术优势，而且无须建立地面观测站，其观测结果与其他离散点测量技术相比，具有空间连续覆盖的优势；其次，用干涉测量可以分析由于采矿干扰和不同岩体下陷速度加快或延缓导致的差异沉降，通过干涉测量可以有效地调整采矿前进的方向。采用这一采矿管理方法，可以实时监测地面沉降，这在人口密集的城市地区特别重要。

# 第三节　GIS基本原理及其应用

## 一、GIS的基本概念

### 1.GIS的概述

信息产业的形成和发展已经日益受到人们的重视，计算机技术和系统分析方法的广泛应用为现代科学技术的发展展现了广阔的前景。信息时代是以信息源的科学管理和充分利用为特性的。进入信息时代的地学，对地学信息的采集、管理、分析提出了更高的要求。可以说，信息时代地学的发展水平，取决于对有关地学信息以及其他与之有关各类信息的采集获取和分析技术水平。因此，地理信息系统（Geographic Information System，简称GIS）作为一门介于信息科学、计算机科学、现代地理学、测绘遥感学、空间科学、环境科学和管理科学之间的新兴边缘学科便应运而生，并且迅速形成一门融上述各学科及其各类应用对象为一体的综合性高新技术。

### 2.GIS的概念及其特点与任务

GIS是一门属于高技术领域里的新兴的交叉学科。它是以地理空间数据库作为基础，采用地理模型分析方法，适时提供多种空间的和动态的地理空间信息，用于管理和决策过程的计算机技术系统。

（1）GIS的特征

GIS的出现正成为人类对客观世界中各种具有空间特征的事物、关系和过程进行描述、分析和模拟，进而根据所得规律指导人类利用和改造客观世界的强有力的工具。GIS为人类由客观世界到信息世界的认识、抽象过程以及由信息世界返回客观世界的利用改造过程的发展和转化，创造了一系列空前良好的条件和环境。地理信息系统具有以下特征：

1）具有采集、管理、分析和以多种方式输出地理空间信息的能力，具有空间性和动态性。GIS的数据必须具有空间分析特征，具有一个特定投影和比例的参考坐标系统，基于共同的地理基础，并且是多维结构的。

2）为管理和决策服务，以地理模型方法为手段，具有区域空间分析、多要素综合分析和动态预测能力，产生决策支持信息及其他高层地理信息。

3）由计算机系统支持进行地理空间数据管理，并由计算机程序模拟常规的或专门的地理分析方法，作用到空间数据之上产生有用信息，完成人类难以完成的任务。计算机系统的支持使得地理信息系统具有快速、精确并能综合地对复杂的地理系统进行空间和过程的动态分析。

（2）GIS 的类型

GIS 按其内容可以分为三大类：

1）专题信息系统——具有有限目标和专业特点的地理信息系统，系统数据项的选择和操作功能设计是为特定的专门目的服务，如森林动态监测信息系统、水资源管理信息系统、水土流失信息系统等等。

2）区域信息系统——主要以区域综合研究和全面的信息服务为目标，可以有不同的规模，如国家级的、地区或省级的、市级和县级等为各不同级别行政区服务的区域信息系统，也可以有按自然分区或以流域为单位的区域信息系统。

3）地理信息系统工具（GIS-TOOL）——专门为 GIS 的建立和开发而研制的通用软件系统，是一组高效率系统化的具有图形图像数字化、空间数据存储管理、查询检索、分析运算和多种输出等 GIS 基本功能的软件包，为用户提供基础的地理信息管理与分析功能。目前在国内较为流行的 GIS-TOOL，如美国环境系统研究所研制的 ARC/INFO 系统，美国耶鲁大学森林与环境研究学院的 MAP/INFO 系统等。

（3）GIS 的任务

从 GIS 的研究体系看，主要有三方面的任务：

1）GIS 基本理论的发展。

2）GIS 技术系统设计。

3）地理信息系统应用方法研究。

从具体的 GIS 技术的角度分析，GIS 应完成以下几个方面的任务：

1）地理空间数据管理。

2）空间指标量算。

3）综合分析评价与模拟预测。

## 二、GIS 的基本构成及运行环境

完整的 GIS 至少应有四个主要部分组成，即 GIS 硬件系统、GIS 软件系统、GIS 地理空间数据以及系统的组织管理人员。这其中硬件和软件系统是 GIS 的核心部分，空间数据库可以用来表达地球表层的地理数据，而 GIS 的管理人员和用户则决定系统的工作方式和信息表达方式。

1.GIS 的硬件设备

GIS 的硬件设备构成 GIS 的物理外壳。系统的规模、精度、速度、功能、形式、使用方法甚至软件都与硬件设备的配套有极大的关系。GIS 由于其任务的复杂性和特殊性，必须由计算机与其外围设备连接形成一个 GIS 的硬件环境。其硬件配置一般包括四个方面，即计算机主机、数据存储设备、数据输入设备和数据输出设备。

（1）计算机主机。计算机是 GIS 的核心，是用作数据和信息的处理、加工和分析的设备，可以组成网络也可以单独使用。它的主要部件由中央处理器和主存储器构成。目前能运行 GIS 的计算机包括大型机、中型机、小型机、工作站和微型机。从目前形势看，由于工作站的处理速度、内外存容量、工作性能已接近或已达到小型甚至中型机的水平，特别是工作站上还配有大屏幕、高分辨率图形终端，很适用于 GIS 中的图形图像处理。而工作站体积、价格与中小型机相比，则大大地缩小和降低。因此，从最佳性能价格比考虑，采用工作站作为 GIS 主流机已成为一种发展趋势。但是，随着微机性能的迅速提高，如 PENTIUM1 微机的主频可达到 500MHz 以上，内存可达到 128 MB 以上，可配置可读写光盘，与工作站的差别已不明显，对于局部区域，或专题应用，微机已成为 GIS 的主流机。

（2）数据存储设备。数据存储设备包括：软盘、硬盘、磁带、光盘等及其相应的驱动设备。磁盘是一般计算机必备的存储装置，分为硬盘和软盘两种。3.5 英寸软盘的容量可达 1.44 MB 到 2 MB，而硬盘的存取速度和存储容量比软盘大得多，现在微机的硬盘容量可达到 12.8 GB 以上，工作站的硬盘容量更是大得惊人。软、硬盘的驱动器通常安装在主机的机箱内，也可配置外接硬盘。光盘的出现使计算机的存储容量大大增加，目前的可读光盘和可擦写光盘，容量可达到 1GB 以上。光盘驱动器的数据传送速度也已接近硬盘。

（3）数据输入设备。GIS 基本的输入设备除键盘、鼠标和通信端口外，还包括：数字化仪、扫描仪、解析和数字摄影测量仪以及全站仪、GPS 接收机等其他测量仪器。数字化仪是 GIS 中最基本的一种输入装置，使用它可对各种已有的线划图、地形图进行数字化。扫描仪也是 GIS 图形、图像数据输入的一种重要工具，按照辐射分辨率划分，有二值扫描仪、灰度扫描仪和彩色扫描仪；按照扫描仪结构划分，又可分为滚筒式、平台式和 CCD 摄像扫描仪；按照扫描方式划分，又可分为按栅格数据形式扫描的栅格扫描仪和按线划扫描并直接产生矢量数据的矢量扫描仪。解析和数字摄影测量仪器也可以作为 GIS 的输入设备。解析测图仪可用于数字测图，在机械绘图桌上装上电子机械 x、y、z 记录器，可以得到三维坐标。

（4）数据输出设备。GIS 的输出设备主要有图形图像显示器、矢量式绘图仪、栅格式绘图仪、行式打印机、点阵式或喷墨打印机和彩色喷墨绘图仪等。其中，绘图仪是 GIS 的主要图形输出设备，矢量绘图仪有滚筒式和平台式两种，其输出质量主要取决于笔控马达的步进量。

2.GIS 的软件模块

GIS 的软件是指 GIS 运行所必需的各种程序，它们是构成 GIS 的核心部分，关系到 GIS 的功能。这些软件通常是由两大部分组成的。一是计算机系统软件，它包括与计算机硬件有关的操作系统、汇编程序、系统库、编程语言、库程序等以及一些标准软件，如图形处理程序、数据库、Windows 系统等；二是 GIS 系统软件和其他 GIS 应用软件，如 GIS 与用户的接口通信软件、GIS 应用软件包和 GIS 基本功能软件包。按照 GIS 对数据进行采集、加工、存储管理、分析查询、显示再现和与用户接口，可将 GIS 软件系统中与用户有关的软件分为数据输入与编辑、地理数据库管理系统、空间查询与空间分析、用户接口、数据输出与表示等模块。

3.GIS 地理空间数据和 GIS 组织管理人员

（1）GIS 地理空间数据是 GIS 的研究、作用对象，是指以地球表面空间位置为参照的自然、社会和人文经济景观数据。它们可以通过图形、图像、文字、数字、表格等形式表示，也可以通过各种数字化设备，以及键盘机磁带机或其他系统的通信接口输入 GIS。GIS 正是通过对这些数据的采集、管理、分析，提取其实质性信息内容构成信息模型，根据用户的要求再现出显示世界。地理空间数据主要包括空间位置、拓扑关系和属性三个相互关系的方面。

（2）GIS 的管理人员是 GIS 中的重要构成因素。GIS 不同于一幅地图，而是一个动态的地学模型。所以，仅有系统的软硬件和数据还不能构成完整的地理信息系统，需要人进行系统组织、管理、维护和数据更新、扩充完善、应用开发，并灵活采用地理分析模型提取多种信息，为其研究和决策服务。GIS 的技术人才更是 GIS 系统建设不可缺少的。他们应当具备很好的测绘、遥感、地理、计算机技术和应用科学的知识基础，处理各类技术问题的经验，果断的判断决策能力和较强的组织指挥才能。总之，拥有 GIS 的理论知识和操作技能的人员是开展 GIS 工作的先决条件之一。

4.系统运行环境

系统的运行环境包括三个内容：系统的硬件运行环境、系统的软件运行环境和系统的网络运行环境。通过系统分析，子系统和数据库的划分，明确了各级系统的功能，各级系统的运行环境主要是依据系统的功能来确定的。

从计算机技术的发展来看，客户机 / 服务器（CLIENT/SERVER）体系结构是 20 世纪末硬件运行环境的主要潮流。这种结构的工作方式是：处理控制逻辑、显示和数据处理用户交互的部分在网络上的客户机端完成，这些客户机可以是网络上的工作站、微机或图形终端；控制数据存取安全、完整、容错和并发的部分在中心共享的计算机服务器上完成，服务器可以是微机、工作站小型机甚至大型机服务器。

软件运行环境包括三个方面：操作系统，数据库管理系统，GIS 软件。网络环境包括各级系统的局域网环境和对外网络通信的广域网环境。

# 三、GIS 数据结构

1.GIS 的数据

GIS 的数据处理不仅包括所研究对象的属性关系，还包括研究对象的空间位置以及空间拓扑关系等信息，数据量大，结构复杂。

地理空间数据在 GIS 中的流向可以认为经历了四个阶段。用户认识的数据结构输入 GIS 系统后转换成为 GIS 空间数据结构，然后，为有效地进行数据管理，将其转化为数据库结构，最后按某种特定程式以硬件结构写入存贮介质。上述流程即为数据的输入过程，而该流程的反向即构成 GIS 空间数据的输出。

GIS 的数据是由空间数据和属性数据二者共同构成的。其中，属性数据主要是与各种专题地图有关的数量类别、等级和描述性信息。除了通过统计、观测等直接产生的属性数据以外，还可以通过从地图图例中提取编码得到，也可以由遥感影响分类提取后产生。此外，用于属性数据管理的属性数据库还可以管理非图形的各种文字记录、表格、说明等等。空间数据结构是指适合计算机系统存储管理和处理的地学图形的逻辑结构。虽然这仅是对地理实体的空间排列方式和相互关系的抽象描述，但是它反映了对研究数据结构的一种理解和解释，并且构成了用户与 GIS 之间沟通信息的桥梁。

2. 矢量数据结构

矢量数据结构是通过记录坐标的方式，用点、线、面等基本要素尽可能精确地来表示各种地理实体。矢量数据表示的坐标空间是连续的，因此可以精确定义地理实体的任意位置、长度、面积等。其显示精度较栅格结构高。事实上，它主要受数字化设备的精度和数值记录字长的限制。矢量数据结构直接以几何空间坐标为基础，记录取样点坐标，可以将目标表示得精确无误。

3. 栅格数据结构

栅格数据是最简单、最直观的一种空间数据结构，它是将地面划分为均匀的网格，每个网格作为一个像元，像元的位置由所在行列号确定，像元所含有的代码表示其属性类型或仅是其属性记录相联系的指针。在地理信息系统中扫描数字化数据、遥感数据、数字地面高程数据（DTM）以及矢量—栅格转换数据等都属于栅格数据。

4.GIS 数据模型

GIS 数据模型是描述 GIS 的数据内容和数据之间的联系工具，它是衡量 GIS 数据库能力强弱的一个主要标志，同时也是数据库系统的基础。GIS 数据库主要涉及对图形数据和属性数据的管理和组织，它是以一定的组织方式将相互关联的数据集合存贮在一起，并且能够以最佳方式和最小的数据冗余为多种目的服务。

目前在数据库领域中，流行的数据模型主要有三种：层次模型、网状模型和关系模型，除此之外，还有最近兴起的面向对象模型。从目前数据库技术的状况和发展趋势来看，关系数据库占主导地位，而面向对象模型将成为下一代数据库的主流。

## 四、GIS 的基本功能

1. 数据输入功能。GIS 主要考虑三个方面的数据输入：统一的地理基础，位置数据（空间数据），属性数据（非空间数据）。

2. 图形与文本编辑功能。大多数 GIS 的数据编辑都是比较耗时的交互式处理过程。在编辑过程中，除了要逐一修改所能发现的数据错误之外，还要进行对图形的合并或分割、数据的更新等工作。而这些编辑工作可以通过把数据显示在屏幕上，然后利用键盘或数字化图板来控制数据编辑的各项操作活动。

3. 数据存储与管理功能。在 GIS 中对数据的存储管理主要是通过数据库管理系统来完成的。GIS 数据库不同于一般的数据库，它具有数据量特别大，空间数据与属性数据之间具有不可分割的联系，数据应用面广等特点。为此，GIS 的数据库应做到数据集中管理，数据冗余度小，数据与应用程序相互独立，选择合适的数据模型和有效的数据保护措施。

4. 空间查询与空间分析功能。GIS 之所以在处理空间信息的性能上强于其他的信息系统，就在于它具有很强的空间查询和空间分析能力。这种能力主要是由其分析、变换功能所决定的，它们可归纳为对空间数据的拓扑和空间状况的运算、属性数据运算和空间数据与属性数据的联合运算等。

5. 数据输出与表达功能。GIS 的数据输出与表达是指借助一定的设备和介质，将 GIS 分析或查询检索结果表示为某种用户需要的可以理解的形式的过程；或者是将上述结果传送到其他计算机系统的过程。这种输出形式转化为人们能理解的共同形式就是地图、表格、图形和图像等；转化为计算机兼容的形式就是能读入其他计算机系统的磁盘磁带或光盘记录形式等，以及某些通信网络、电话网、无线电连接设施等电子传输形式。由此可知，输出就是将 GIS 的信息形式表达成适合用户需要的过程。

# 五、GIS 工程设计

地理信息系统工程设计的主要内容包括确定系统目标，进行系统分析和系统设计以及系统实施和维护、评价等工作。其中，常用的设计模式主要有：结构化设计模式、现代原型化设计模式、面向对象（Object-Oriented）的设计模式等。

1. 系统目标

一个完善的地理信息系统的建立需要较长的时间，通常能持续几年的项目并不少见，为使系统能尽早地发挥其社会和经济效益，可以分阶段设立系统的近期目标和远期目标。应该说明，不同的行业、不同的要求以及不同的条件，对选择的系统目标肯定也是不同的。在确定系统目标时，应具有针对性、阶段性、实用性、预见性和先进性，并要综合考虑这些因素：用户需求、经费、系统建设时间的要求、技术条件以及数据情况等。

2. 系统分析

系统分析的基本思想是从系统观点出发，通过对事物进行分析与综合，找出各种可行的方案，为系统设计提出依据。它的任务是对系统用户进行需求调查，对选定的对象进行初步调查研究和可行性分析；在明确系统目标的基础上，开展对新系统的深入调查研究和分析；最后提出新系统的结构方案。

3. 系统设计

系统设计是地理信息系统整个研制工作的核心。因为系统目标的不同以及所用数据的性质和系统功能的不同，地理信息系统设计的内容也有很大差异，但是其根本任务是将系统分析阶段提出的逻辑模型转化为相应的物理模型。一般而言，在系统设计阶段可以根据所研究对象的不同分成三个部分进行设计。首先，应根据系统研制目标，确定系统必须具备的空间操作功能，称为功能设计又称为系统的总体设计，通常可以采用模块化程序设计方法；其次，对数据分类和编码的处理，完成空间数据的存贮和管理，称为数据库设计，包含有数据采集设计、数据结构设计、数据存储和检索设计等；最后，建立系统的应用模型和产品的输出，称为应用设计。

4. 系统实施和系统评价

系统实施是 GIS 建设付诸实现的实践阶段。在这一阶段中，需要投入大量的人力和物力并占用较长的时间，因此，应该做好细致的组织工作，制订出周密的计划。系统实施的主要内容是程序编制与调试和数据采集与数据库建立，此外还应包括人员的技术培训和系统测试等。

系统评价就是对所建立系统的性能进行考察、分析和评判，判断其是否达到系统设计时所预定的效果，包括用实际指标与计划指标进行比较，评价系统目标实现的程度。评价指标应该包括性能指标、经济指标和管理指标等各个方面，最后还应就评价结果形成系统评价报告。具体运作时可以从软件功能和系统总体功能两个方面进行评价。

## 六、GIS 的应用及其常用的 GIS 工具软件

GIS 现在的应用范围十分广泛。包括有测绘部门、政府机构、房地产公司、建筑部门、水利工程设计、自然资源调查、管理与开发部门、环保部门、农业部门、城乡规划、灾害监测、地籍管理以及基础运输行业如许多航线、铁路、卡车、公共汽车等，投入使用的 GIS 系统每 2~3 年翻一番。

目前，我国于 1984 年开始由国家测绘局测绘研究所研究和建立的国土基础信息系统是起步较早、投资规模较大、发展较快的一个。它将全国 1：100 万比例尺地形图存入其中，建立起全国范围内的 1：100 万比例尺数字地面模型、地形要素数据库和地名数据库，可做多种空间分析。另外还建有全国土地信息系统，1：400 万全国资源和环境信息系统，1：250 万水土保持信息系统等，还开发了黄土高原信息系统以及洪水灾害预报与分析系统等专题地理信息系统。这些系统已应用在多个领域中，如防洪实时监测洪水、快速灾情分析、水土保持、国土管理等方面都发挥了作用。除上述全国性的信息系统外，近年来我国的许多大中城市也已纷纷开发和建立城市信息系统。

世界上常用的 GIS 工具软件已多达 400 多种，它们大小不一，风格各异，占领着不同的应用市场。国外著名的有：ARC/INFO（美国）、MAPINFO（美国）、MGE（美国）、GENAMAP（澳大利亚）、SICAD（德国）等。国内比较有名的有：城市之星（CITYSTAR）、吉奥之星（Geo Star）、MAP/GIS 地理信息系统等。

# 第四节　3S 技术的综合应用

## 一、无人机遥感技术在环境保护领域中的应用

随着科学技术的不断进步，无人机遥感技术向着光谱信息成像化、雷达成像多极化、光学探测多向化、地学分析智能化、环境研究动态化以及资源研究定量化的方向发展，并且大大提高了遥感技术的实时性和运行性，使其向多尺度、多频率、全天候、高精度和高效快速的目标发展。仅在环境保护领域中的应用就有建设项目环境保护管理、环境监测、环境应急、生态保护、环境监察等。

### （一）无人机遥感技术应用现状

1. 在建设项目环境保护管理中的应用

无人机遥感系统在建设项目环境保护管理方面的应用主要有建设项目环评、环保验收、水土保持监测等。

辽宁环境航空应用工程中心选用高分辨率 Canon EOS5D Mark Ⅱ 数码相机作为无人机遥感设备，对辽宁省锦州市第二、三污水处理厂进行环境影响评价，将获取的无人机遥感影像作为底图，通过遥感目视解译，为环评工作提供数据支持和依据。在无人机传感器的视频信息传输方面，搭载相应传感器在建设项目现场环境监理中的应用已是指日可待。2011 年辽宁环境航空应用工程中心完成了京沪高铁和辽宁省芳山风力发电项目大比例尺航摄的面积覆盖，包括居民搬迁情况、生态恢复等，建立了无人机遥感信息分类体系和影像解译图符，出版了《京沪高铁环保验收航空遥感图集》《芳山环保验收航空遥感图集》和《杨屯风电场环保验收航空遥感图集》。李营等对无人机影像武广高铁竣工环保验收信息分类体系进行研究，建立影像解译数据库和制图符号，完成了环保验收工作。同时环保验收工作还可利用建设前、中、后期遥感图进行植被覆盖动态变化分析。梁志鑫等针对生产建设项目水土流失的问题，提出利用无人机遥感结合现有监测技术的水土保持监测新方法。利用 GIS 坡度分析，从 DEM 数据空间分析获得坡度信息，矢量图层叠加分析来划分土壤侵蚀强度，通过不同期间数据对比，得到了水土保持动态监测结果。

2. 无人机遥感技术在环境监测中的应用

无人机遥感技术应用从陆地的土地覆盖及植被变化、土壤侵蚀和地面水污染负荷产生量估算、生物栖息地评价及保护、工程选址和防护林保护规划及建设，到水域的海洋及海岸带生态环境变迁分析，海上溢油污染等的发现和监测，林业的现状调查与变化监测，城市的规划与环评分析，再到大气环境中的大气污染范围识别与定量评价，重大自然灾害的评估与侦察等，几乎覆盖了整个地球生态系统。

张磊等针对小型无人机大气数据采集与处理，设计出一种基于国产嵌入式 CPU 方舟 GT2000 无人机大气数据监测系统，并设计了系统的软件和硬件。王洋等设计了小型无人机大气数据采集系统，系统以 TMS320F2812 为核心，对气压高度和指示空速进行采集，采用高精度 A/D 转换器提高测量精度到 1mV，绝对误差控制在 2~3m，提高了无人机大气数据监测的动态精度。

郎城以无人机搭载 CCD 相机，研究了航空数字正射影像（DOM）的处理流程，并建立土地利用动态监测数据库模型，开发出区域土地利用动态监测系统，实现了区域土地利用动态监测的数据管理、统计查询、监测对比、分析评价等业务功能，得到东胜区土地利用动态监测结果。

闫军等对宁夏盐池县城区进行无人机航拍，对图像目视判读解译，建立遥感调查解译标志库，客观真实地统计了盐池县城区绿地面积。

3. 无人机遥感技术在环境应急中的应用

周洁萍运用无人机获取汶川地震灾区影像，并以此构建了三维可视化影像管理系统。雷添杰等利用两架"千里眼"无人机航空遥感系统拍摄了北川县震后航空影像，并用随身携带的 BGAN 卫星通信系统将影像发回民政部，为救灾决策提供可靠依据。同年利用无人机对南方特大低温雨雪冰冻灾情实时监测与勘察、现场救灾指挥和调度、灾后数字地图更新与灾后重建。臧克将无人机航片用全景制作软件 PTGui 一次性整体全自动化拼接，利用地震前后影像进行灾情分析与评价。吴振宇等利用快眼无人机对宁夏古城镇拍摄并用 DPGrid 软件处理航片，完成了地质灾害调查。

4. 无人机遥感技术在生态保护中的应用

中国石油大学王斌利用无人机采集的可见光及红外等信息，提出了无人机图像拼接算法，以及基于聚类分析算法的图像分割模型，研究出土壤湿度预测模型，并验证模型精度和准确性。

辽宁省辽宁环境与航空应用工程中心采用无人机遥感系统对辽河流域现状航拍和遥感监测，影像分辨率为 0.1m。遥感监测对辽河生态系统现状做出全面评价，还可以从宏观上观测空气、植被、土壤和水质状况，也可实时快速跟踪和监测突发环境污染事件的发展，及时制定处理措施，减少污染造成的损失。

5. 无人机遥感技术在环境监察中的应用

王思嘉研究和开发了利用无人机预报重大灾害的监测系统。杨燕明等研究了海事应用无人机的可行性。美国卡内基梅隆大学的 Sean Owens 提出了用三维地形模型融合无人机监控视频，把视频放到三维模型环境中，操作员可以不时地在环境中标记位置，无人机便会自主确定路径到达指定标记处。欧新伟等首次将无人机应用在兰成渝输油管道管理中，周期现场巡线，预防因隐蔽打孔盗油导致的原油泄漏、环境污染、管道材质破坏，还可对可疑人员定点盘旋跟踪，从而保障管道运营安全。马瑞升等将无人机实时视频传输和计算机技术相结合，研制了微型无人机林火监测系统，得到的烟雾识别模型有助于提高森林火情的监测、森林安全管理和预警能力工作的自动化及信息化水平，但视频截图清晰度和视觉效果差，图像信息挖掘需进一步研究。

## （二）无人机遥感应用

### 1. 重大突发事件和自然灾害应急响应

重大突发事件和自然灾害应急响应中，无人机遥感应用的突出贡献是能够第一时间快速反应，快速获取高分辨率灾情调查数据，辅助政府进行快速决策，是无人机应用最突出的领域。

### （1）洪灾救援

近年来，受特殊的自然地理环境、极端灾害性天气以及经济社会活动等多种因素的共同影响，各地山丘区洪水、泥石流和滑坡灾害频发，造成的人员伤亡、财产损失、基础设施损毁和生态环境破坏十分严重。随着信息技术的不断发展，以"3S"，LiDar，三维仿真等为主的现代化技术不断应用于山洪灾害的防治和研究，为相关部门开展防灾减灾工作提供了科学的决策依据。利用航测的三维地形图、实测水文资料及河道断面为基础建立边界条件及特征值，可以以此来推演洪水在真实河道内的淹没范围及程度，进而确定合理的预警指标、安全转移路线及临时安置点等。

南省大理州洱源县炼铁乡和凤羽镇因暴雨引发特大山洪泥石流地质灾害。云南省测绘地理信息局无人机组赶往灾区，对受灾地域 47 $km^2$ 的信息实施低空采集，获取地面分辨率为 0.2m 的影像 981 幅，为灾后救援提供了可靠的决策依据。

### （2）火灾救援

当大规模火灾发生时，使用飞机协同消防员救火会事半功倍。当前，救火无人机主要用来帮助消防员完成救火任务。由于火灾很难被控制，如果在空中没有一只"眼睛"纵览全局，很容易错过最佳的灭火时机。而无人机这只"眼睛"可以帮助消防员确定火灾朝哪个方向发展，哪里可能出现危险，哪里最先需要扑救。森林火灾具有非常大的破坏性，而森林一旦发生火灾，不仅对人类的劳动成果带来巨大损失，也破坏了生态系统，对生态环境会造成严重的负面影响。

### （3）气象灾害监测

利用无人机航空遥感系统提供的灾情信息和图像数据可以进行灾害损失评估与灾害过程监测，估计灾害发生的范围，准确计算受灾面积及其灾害损失评估。例如对于雨雪、冰冻灾害，可以对低温的发生强度以及低温冷害的分布范围实施实时动态监测，并且能够迅速地研究低温冷害发生、发展的一般规律，为相关部门及时采取有效救灾措施提供及时全面的信息。

为了调查东太平洋热带气旋生成源地，2005 年美国国家航空航天局与哥斯达黎加合作，开展热带云系生产过程研究，完善热带气旋生成模式。美国海洋大气局大西洋气象实验室用气象无人机对 Ophelia 飓风进行了长时间的观测飞行。

（4）地质灾害监测

我国是遭受地质灾害最为严重的国家之一。无人机航空遥感系统提供的地质灾害区图像包括地质、地貌、土壤、水文、土地利用和植被等信息，这些信息可以构成地质灾害灾情评估的基础数据，对提高该区域地质灾害管理和灾情评估的科学性、准确性和有效性非常重要，而且可以大大提高减灾、抗灾和防灾的效率和现代化水平。对于山体滑坡和泥石流等重大地质灾害，可以分析灾害严重程度及空间分布，帮助政府分配紧急响应资源，快速准确地获取泥石流环境背景要素信息，而且能够监测其动态变化，为准确的预报提供基础数据。怒江贡山特大泥石流灾害发生后，现场环境十分恶劣，整个泥石流沟长有14km，车辆无法前进，救援人员只能徒步推进3km。在此情况下，云南省国土资源厅及云南省测绘局首次使用无人机，依托当地一个小学操场起飞，对整个泥石流发生点进行图像采集，为救灾工作提供了重要信息。

（5）地震救援

2008年5月12日四川汶川突发8.0级特大地震，造成了巨大的人员与财产损失。由于灾区交通通信全部中断，地震灾区的灾情信息无法获取。受天气及设备限制，在地震发生的第一时间错过了通过遥感或航空摄影获取灾区灾情严重程度与空间分布的最佳机会，这给及时确定救援方案带来了一定的影响。这时，由中国科学院遥感应用研究所牵头成立的无人机遥感小分队，在第一时间利用无人机在400~2000m的低空遥感平台采集到高分辨率影像。无人机凭借其机动快速、维护操作简单等技术特点，获取到灾区的房屋、道路等损毁程度与空间分布，地震次生灾害如滑坡、崩塌等具体情况，以及因此而形成的堰塞湖的分布状况与动态变化等信息，发挥了重要作用，为救援、灾情评估、地震次生灾害防治和灾后重建工作等提供了科学决策依据。

2. 国土、城市、海洋等领域应用

无人机遥感应用于国土调查、基础测绘、城市管理和海洋监测等领域，是对我国传统遥感基础性常备型业务的重要补充和技术提升，尤其注重精度和完整辖区覆盖度，发展势头强劲，技术和经济价值巨大，是促进无人机遥感技术进步的需求驱动源。

（1）国土资源行业

1）应急防灾体系建设。无人机低空遥感体系的建立，能切实提高突发事件的响应和处理能力，一方面能及时反映地质灾害事故发生后的真实影响范围和损失估量等翔实数据，为领导辅助决策提供重要参考依据；另一方面能通过对地质灾害多发点进行定时无人机低空巡查，获取实时的灾害点信息，有效预防地质灾害的发生，减少灾害损失。同时，通过低空遥感的灾害评估数据及时公开，既能大大提高为人民服务的能力，又能提升国土资源管理公众形象。

2）地籍数据库变更。利用无人机遥感技术，可以进行地籍变更范围快速提取，利用自动相关制图软件完成地形数据快速测图，形成数字化的4D产品。同时采用高精度的倾斜摄影成像手段，在云下500m高空飞行可以完成1：500航拍图的测量，并通过边缘提取、自动构面等技术制作完成地籍入库数据和地籍数据库的年度变更。

3）农村集体土地承包经营权确权颁证。农村集体土地承包经营权确权颁证牵涉范围广泛，特别是有些在偏远、道路崎岖的山林，需要花费大量的时间去支导线，既降低了测量的精度，也加大了测量环境的复杂性。无人机遥感技术利用丰富的影像信息和采集效率，具有较高的精度和效率，可以很好地实现农村集体土地承包经营权确权颁证"一体化"发证设想，并同时完成大比例尺区域的快速测图与发证。

4）动态巡查监管。通过无人机遥感监测成果，可及时发现和依法查处被监测区域国土资源违法行为，建立利用科技手段实行国土资源动态巡查监管，让违法行为早发现、早制止和早查处的长效机制。特别在违法用地不易发现地区，利用无人机低空遥感真彩色正射影像数据，执法人员可以更清楚直观地查看违法事实，并通过数据抽取和深加工制作现场照片，成为立案证据。

5）国土资源"一张图"建设。无人机低空遥感成果可以广泛应用于国土资源"一张图"基础数据中。最直观的是影像数据，也可以是通过影像处理进行空三测量形成信息化的 4D 产品，经过半自动化的处理入库，有力地补充了"一张图"核心数据库，保证了数据的实时性和统一性，既提高了技术人员及部门的话语权，也更便于提高领导决策的科学性和准确性，为各级部门领导及主要决策者定期提供最实时的土地管理相关信息。

（2）城市管理

无人机飞行条件要求低、反应快、控制操作简单、传送图像便捷和价格便宜等众多优势使得无人机在城市管理和建设中具有广阔的应用前景。

1）城市灾害的监控。当城市的爆炸、火灾和水灾等发生时，有时救援人员无法或不能很快进入受灾的区域。这时可利用无人机携带的照相或摄像设备对受灾区域进行侦察，同时将航拍图像传送回来，便于救援人员及时了解灾情。例如，在危险品爆炸火灾现场，在不清楚现场情况下，可首先利用无人机对现场进行侦察，并将侦察数据传回，帮助救援人员及时了解现场情况，做出正确的决策。

2）小区域的航拍测绘。利用旋翼无人机携带摄像机进行航拍，可获得城市中小区域的影像数据，对这些数据进行专门处理后，可以得到一些测绘数据，也可以方便地形成三维图像。如对某个小区进行简单的测绘；对小型旅游景点航拍图像进行后期处理，可方便、迅速和低成本地生成三维图，用于宣传与推荐。

3）城市违章建筑的巡查。清理城市违章建筑是城市管理的重要工作，通过航拍图像可以及时发现新出现的违章建筑，特别是高楼上的违章建筑，这些违章建筑危险性大且具有隐蔽性，只有在空中才能发现。通过无人机提供的航拍图像，不仅能够轻易发现是否存在违章建筑，对违章建筑定位，而且可以测量违章建筑的面积和高度。

4）城市反恐绑架。城市反恐是城市管理中面临的新问题。在反恐指挥控制中，掌握恐怖分子的分布、人质的情况等对指挥决策有重要的作用。无人机可以在人员的操控下，飞到恐怖分子所在区域，采用悬停等控制飞行方式，通过窗口等观察屋内的情况。如果恐怖绑架地发生在高楼层，利用无人机悬停是侦察的最佳手段。

5）大型活动现场监控。城市中的大型活动，如集会等，常常监管难度很大。由于人数多，出现突发事件的可能性很大。通过无人机在空中监控活动区域，可以帮助管理机构实时掌握活动现场情况，根据需要重点观测某个区域，及时发现异常并持续监控。

（3）海洋监测管理

1）灾害监测。

①灾前预报：利用无人机在灾害频发时段加强对海域的巡检，视察防暴大堤是否受损，调查浒苔、赤潮和海冰的分布，预测走向，及时向可能受到危害的地区发布灾害预警；并且可通过长时间的观测，掌握灾害发生的规律，以便在后期能做到提前预知，及时采取应对措施。

②灾中监控：在海洋灾害发生时，一方面，通过无人机可以调查灾害发生的范围、程度，制订合理的消灾方案；另一方面，利用无人机在空中可以获取实时的遥感影像、视频，便于布置消灾方案，指挥消灾任务，观察消灾成效。

③灾后评估：与GIS技术相结合，通过对无人机获取的受灾海域遥感数据进行分析，提取受灾范围、受灾等级和损失程度等量化信息，指导灾后补救工作和后期防范。

2）海洋测绘。港口、河流入海口和近海岸等水陆交界地带是人类活动相对频繁的海域，在人为因素和自然因素的作用下，这些区域的地形地势变化也比较频繁。在人为因素方面，随着经济的发展和需求，人们对水陆交界海域的开发利用不断增强，例如填海造地，养殖区扩展和港口平台搭建等；在自然环境因素的作用下，海岸侵蚀造成海岸线变更，入海口冲击、淤积等原因造成入海口地形变更。加强对这些海域的测绘，对于指导人们开发和利用水陆交界海域具有重要意义。

利用无人机进行海洋测绘，比传统的测绘方法速度快，并能深入海水区域，获取的遥感数据具有更高的空间分辨率，可以完成大比例尺制图。从无人机遥感影像中可以提取海岸、入海口和港口等海域的轮廓线及其变化，结合GIS技术对面积、长度和变化量等量化分析并预测变化趋势。在填海造地时，利用无人机搭载LiDar实时测量填造区域，指导工程的实施。利用SAR和高光谱遥感数据可以探测浅海区域的海底地形，绘制海底地形图。利用LiDar数据建立海岸线DEM，为风暴潮的预警提供参考。在海岛礁测绘中，利用无人机同时搭载LiDar和光谱传感器获取多源数据，提取海岛礁的轮廓线、面积、DEM和覆被类型等信息，可建立三维海岛礁模型。

3）海洋参数反演。海洋是全球气候变化中的关键部分，海表温度、盐度和海面湿度等环境参数是全球气候变化、全球水循环和海洋动力学研究的重要输入参数。遥感技术是快速大范围监测海洋环境参数的有效手段，可以对海洋长时间连续观测，为气候变化、水循环和海洋动力等研究提供数据依据。无人机可以监测局部重点海域的环境参数，是卫星遥感大范围监测的重要补充，为海洋区域气候、海洋异常变化、海洋生物环境、入海口海水盐度变化和沿海土地盐碱化等研究提供数据信息。无人机获取的海洋环境参数还可以为海上油气平台、浮标和人工建筑等设备设施的耐腐蚀性、抗冻性研究提供数据支持。

无人机配备微波辐射计、热红外探测仪和高光谱成像仪等传感器探测海洋得到遥感数据，利用海洋参数的定量遥感反演算法模型反演海洋的各个参数。目前，反演模型大多是统计模型，利用遥感数据与反演的海洋参数之间建立起统计关系，通过统计回归的方法可以反演得到海洋温度、湿度和盐度等环境参数。

4）海事监管。无人机配备高清照相机、摄像机及自动跟踪设备，可以执行海上溢油应急监控、肇事船舶搜寻、遇险船舶和人员定位及海洋主权巡查等任务，能够快速到达事故现场，立体地查看事故区域、事故程度和救援进展等情况，即刻回传影像和视频，在事故调查、取证等工作中为事故救援决策提供实时、准确的信息，监视事故发展，是海事监管救助的空中"鹰眼"；而且由于无人机的特殊性——抗风等级大、遥控不受视觉条件限制，因此比舰载有人直升机更适于恶劣天气下的搜寻救助工作；一旦发生危险，不会危及参与搜救人员的生命，最大限度地规避了风险，是海洋恶劣天气下搜寻救助的可靠装备。目前，我国利用无人机进行海域巡检、监管已经开始进入业务阶段。

3. 农林、环保、科教文化等领域应用

（1）农林应用

无人机遥感在农林行业的应用主要以调查、取证和评估为主，更注重调查现状和地理属性信息，如农作物长势、病虫灾害、土壤养分、植被覆盖或旱涝影响等，对绝对定位精度、三维坐标观测精度要求较低。在农业领域，我国无人机遥感已在农业保险赔付、小面积农田农药喷施以及农田植被监测方面有了一定的应用；林业方面，无人机遥感在森林调查中的应用还很少，主要应用在林火监测上。

1）农业信息化。无人机作为新型遥感和测绘平台，相比于传统的卫星航空观测更加方便灵活易实现，分辨率也更高，数据信息也具有相当或更高的准确度，因此在农业信息化领域得到了广泛的应用。比如，在土壤湿度监测方面，无人机也能起到重要作用。监测区域土壤湿度有利于对农作物进行信息化管理。传统的土壤湿度监测站不能满足大面积、长期的土壤湿度动态实时监测的要求，限制了其在农业信息化、自动化方面的发展及应用，而光学设备在高空中会受到云层的阻碍，使观测不易实行，因此无人机的应用成为解决问题的关键。无人机可以搭载可见光近红外光设备作为检测手段，通过对比图像的特性，得到关键信息，保证所建立模型的高准确性，完成土壤湿度的合理化监测、信息采集与建模，是农业信息化的关键一步。

2）农作物植保。无人机技术在农作物植保方面的应用主要体现在作物的病虫害监测以及农药喷洒方面。病虫害是影响农作物产量和质量的关键因素之一，对于农药喷洒，传统的人工以及半人工的方式已经不能满足现代农业生产的规模化种植的需要，而且喷药人员中毒事件时有发生。无人机用于农药喷施就具有极大的优势，在国内外的应用中，日本等发达国家将无人机用于植保已经比较成熟，我国无人机植保起步较晚，但随着近年来无人机行业的热度，植保无人机一经推出便引起社会广泛关注。植保无人机可以有效地实现人和药物的分离，安全高效。目前国内植保无人机领域的研究在不断加深，推广速度和市场认知度也在不断提高，植保无人机的市场前景非常广阔。

3）农业精准化。农业精准化是当前农业发展的必然趋势，主要是利用信息技术来对农业进行定时、定量和定位的管理与操作，目的是以最小的成本获取最大的利润收入，并且减少农业污染，改善农业生态环境，将资源利用最大化。实现农业精准化要建立在农业信息化的基础之上，无人机可以随时地监测作物长势、土地条件变化、病虫害预防和农药肥料施用效果等信息，并可作为农业生产决策的关键定量参考信息，从而可以有所依据地对作物及时进行相应的支持处理，既节省了资源，又实现了可持续发展。

（2）环保应用

由于无人机遥感系统具有低成本、高安全性、高机动性和高分辨率等技术特点，其在环境保护领域中的应用有着得天独厚的优势。在建设项目环境保护管理、环境监测、环境监察和环境应急等方面，无人机遥感系统均能够发挥强有力的技术支持作用。

1）建设项目环境保护管理。在建设项目环境影响评价阶段，环评单位编制的环境影响评价文件中需要提供建设项目所在区域的现势地形图，大中城市近郊或重点发展地区能够从规划、测绘等部门寻找到相关图件，而相对偏远的地区便无图可寻，即便有也是绘制年代久远或图像精度较低而不能作为底图使用。如果临时组织绘制，又会拖延环境影响评价文件的编制时间，有些环评单位不得已选择采用时效性和清晰度较差的图件作为底图，势必对环境影响评价工作的质量造成不良影响。无人机遥感系统能够有效解决上述问题，它能够为环评单位在短时间内提供时效性强、精度高的图件作为底图使用，并且可有效减少在偏远、危险区域现场踏勘的工作量，提高环境影响评价工作的效率和技术水平，为环保部门提供精确、可靠的审批依据。

2）环境监测。传统的环境监测通常采用点监测的方式来估算整个区域的环境质量情况，具有一定的局限性和片面性。无人机遥感系统则具有视域广、及时连续的特点，可迅速查明环境现状。借助系统搭载的多光谱成像仪生成多光谱图像，直观全面地监测地表水环境质量状况，提供水质富营养化、水华、水体透明度、悬浮物和排污口污染状况等信息的专题图，从而达到对水质特征污染物监视性监测的目的。无人机还可搭载移动大气自动监测平台对目标区域的大气进行监测，自动监测平台不能监测的污染因子，可采用搭载采样器的方式，将大气样品在空中采集后送回实验室监测分析。无人机遥感系统安全作业保障能力强，可进入高危地区开展工作，也有效地避免了监测采样人员的安全风险。

3）环境应急。无人机遥感系统在环境应急突发事件中，可克服交通不利、情况危险等不利因素，快速赶到污染事故所在空域，立体地查看事故现场、污染物排放情况和周围环境敏感点分布情况。系统搭载的影像平台可实时传递影像信息，监控事故进展，为环境保护决策提供准确信息。无人机遥感系统使环保部门对环境应急突发事件的情况了解得更加全面、对事件的反应更加迅速、相关人员之间的协调更加充分、决策更加有依据。无人机遥感系统的使用，还可以大大降低环境应急工作人员的工作难度，同时工作人员的人身安全也可以得到有效的保障。

某港口一艘 30 万吨级油轮因违规操作引起输油管线爆炸，引发大火和原油入海，约 50km² 海面受到污染。生态环境部第一时间调配无人机赶赴现场，开展了"天—空—地"同步监测，这是生态环境部首次利用无人机开展重大环境事故的应急监测。无人机在恶劣条件下多次成功完成低空飞行作业，提供了海面油污监测数据，动态反映溢油发生发展情况，为环境应急管理提供了重要技术支持。

4）环境监察。当前，我国工业企业污染物排放情况复杂、变化频繁，环境监察工作任务繁重，环境监察人员力量也显不足，监管模式相对单一。无人机遥感系统可以从宏观上观测污染源分布、排放状况以及项目建设情况，为环境监察提供决策依据；同时通过无人机监测平台对排污口污染状况的遥感监测也可以实时快速跟踪突发环境污染事件，捕捉违法污染源并及时进行取证，为环境监察执法工作提供及时、高效的技术服务。

（3）科教文化应用

在科研教育领域，主要是开展航空科技与遥感等技术理论方法研究，通过无人机遥感实践来从事理论教学和技术验证、科研创新，并在影视文化旅游等方面开展一些文化创意、多元素融合的活动，内容包括无人机教学、竞赛表演、影视记录、广告宣传和科考探险等。在该领域，对精度和地理属性要求不高，注重的是活动的过程、蕴含的科技文化内涵以及这些相关事务带来的社会影响等。目前，一些院校开设了无人机遥感相关专业，如西北工业大学、北京航空航天大学等。

中国开展的第 33 次南极科学考察中，有北京师范大学专门派遣的一个无人机组。目前，他们在南极共完成无人机航拍作业 47 架次，获取南极中山站周边地区航拍影像 14000 余张，累积覆盖面积超过 500km²。除进行南极环境遥感监测外，还协助考察队"空中探路"进行了海冰运输等保障工作。

4. 矿业、能源、交通等领域应用

无人机遥感已被广泛应用在矿石开采、电力和石油管线的选址与巡检、交通规划和路况监测等各项工作中。在矿业领域，利用无人机遥感技术获取矿区数据资料，实现矿区的有效监测，从而为矿区的开采工作提供保障；在电力与石油管线等能源领域，对重大工程的选址、选线、巡线、运行和管理等作用明显，能够满足施工建设过程的持续监测需求；在交通领域，无人机遥感技术能够从微观上进行实况监视、交通流的调控，构建水陆空立体交管，实现区域管控，确保交通畅通，应对突发交通事件，实施紧急救援。

（1）矿业应用

随着我国国民经济的迅速发展，矿产资源的需求越来越大，矿产资源对国民经济发展的瓶颈制约凸显。面对经济发展的迫切需求，找矿的难度越来越大。无人机遥感是地质找矿的重要新技术手段，在基础地质调查与研究、矿产资源与油气资源调查和矿山开采等方面都发挥了重要作用。无人机遥感技术在矿业的各个重要环节都能派上用场，如爆破、规划、采矿操作以及矿井的生态重建等。

1）爆破。矿井所在地往往在比较偏远的地区，现有的地图信息很有可能不全面。在爆破工作初期倘若能够直观熟悉周边整体环境，对爆破行动而言十分有利。在过去，这一任务往往由专业的航拍公司来完成，相应的成本也十分昂贵。这也导致了在实际操作过程中只有到后期爆破阶段才会采用航拍手段来获取地图。

而在今天，无人机可以以较低的成本完成更好的工作。无人机可以在短时间内制作出一个地区的高清地图，有时只需几个小时。由于飞行高度一般得保持在 2000~2500ft，传统的飞行器必须配备 8000 万像素以上的摄像头，而无人机最低可以飞行在 250 ft 的高度，只需配备一个 1600 万像素的摄像头就能够绘制出更好效果的地图。至于卫星地图，由于距离遥远，其拍摄效果并没有无人机拍摄效果好，而且成本也会更加昂贵。

无人机在初期爆破阶段可以快速地进行航拍，成本仅需几千美元。相较之下，传统的飞行器拍摄图像则需要 10 倍的花费。

2）采矿操作。在实际的采矿工作中无人机可以发挥很大的作用，当前无人机最常用的一种应用是测量矿物体积。传统的矿物储量测量方式是由地面的调查员配备 GPS 在矿井进行测量，如今许多矿井仍然采用这种方式。无人机同样可以完成这一任务，与人工测量相比更为安全。

无人机可以给墙体与斜坡建模，估算矿井的稳定性。无人机还可以飞到离矿井墙体很近的地方观察细节。用无人机进行 3D 建模的成本也比较低廉，因此无人机还可以重复调查以验证所采集数据的准确性。

3）生态重建。在矿井的生态重建阶段，了解到矿井在开采前后的模样十分重要。通过无人机获取数据生成准确的三维图像可以帮助矿区尽可能地恢复到开采之前的模样。利用无人机定期调查还能帮助人们了解到生态恢复的进程如何。

2015 年 8 月 25 日，赣州市首次使用固定翼无人机进行矿业秩序巡查，上午对广东省和江西省交界区域进行非法开采的摸底巡查，下午对寻乌县石排工业园稀土矿山环境恢复治理区域进行拍摄，当天两次巡查的航拍总面积约 60km$^2$，飞行时间约 3h。

（2）能源领域应用

随着国民经济的迅速发展，国家对能源的需求越来越大，能源与人民的幸福生活息息相关，能源对于国民经济发展的重要性也越来越大，能源战略一直是每个国家的重点战略。随着数字成像及平台、计算机和自动控制等技术的发展，无人机在能源领域中的应用越来越广泛，下面列出几种典型应用：

1）能源勘测设计行业。无人机目前在能源设计行业中的应用主要包括以下四个方面：一是通过无人机摄影测量与遥感为能源项目勘测设计提供基础测绘资料（包括 4D 测绘成果、场址实景三维模型等）和航拍地形图。大型无人机设备可测量大范围地形图。二是通过无人机辅助完成野外现场选址踏勘工作，可以比传统作业模式了解到项目区域更详细的信息，减轻部分调研工作。三是在施工图设计阶段，通过共享的平台，现场施工人员可以直观地看到设计成果并与设计者随时进行互动，设计人员也可根据现场施工实际情况及时对设计方案进行调整，提高施工效率和设计成果质量。四是在项目施工现场可通过无人机实时监测施工进度、工程量测量计量和施工安全监控等，在建设智慧工地中发挥重要作用。

2）光伏行业。无人机可为光伏行业定制测绘、测温和自动巡检等光伏行业解决方案，如大疆禅思 XT 相机在屋顶光伏板检测与大型光伏电站的运维上具备明显优势。禅思 XT 相机可以在短时间内扫描处于工作状态的光伏板，能清晰地用影像呈现温度异常。通过使用禅思 XT 进行检测，用户能迅速确定出现故障的光伏板并及时进行修复，保障发电站时刻处于最佳的状态。

3）风力发电场、石油和天然气设备巡检。安全和效率是现代化的能源设施检测与维修系统的首要要求，用无人机可从空中对大型的设施进行全面检测。传统手段在大型设施检测中很难达到两者的统一，特别对于风力发电机的检测更为复杂，也更具挑战；传统检测风力发电机需要将工作人员运送到高空中进行作业，不仅有很大的安全隐患，而且需要在检测前停工，影响发电效率。

与传统手段相比，使用无人机让风力发电机检测变得安全、便捷。无人机定位精准，可从空中直接接近风力发电机，检测人员的安全风险大幅降低。而且先进的环境感知避障功能与精确到厘米级的稳定飞行定位技术，可有效避免撞击事故，确保飞行安全。

4）电力线路巡检。输电线和铁塔构成了现代电网，输电线路跨越数千千米，交错纵横，电塔分布广泛、架设高度高，使得电网系统的维护困难重重。以往电力巡线工作是通过直升机来完成的，现在，先进的无人机技术让电力巡线工作变得更简单、高效。

5）核电站巡检。原子能是当今最有效的能源之一。为保障核设施的安全，必须对反应堆进行严格的巡检。然而近距离检测可能给相关人员带来辐射危害，使用无人机进行远程巡检能将危害降至最低。无人机搭载可见光相机和红外相机开展工作，高精度红外相机能够显现 0.1℃的温差成像差别，可有效地探测肉眼无法觉察到的潜在裂缝以及结构变形；可见光相机可满足不同巡检场景的需求。

6）石油管道巡检。无人机巡检系统以技术领先、性能稳定著称，可完成各种对地探测和巡察任务。将无人机用于输油管道的巡检，可直观显示管道线路及地表环境的实际状况，为能源管道系统快速、准确获取第一手信息，实现高效、科学决策，保证输油管道安全运行提供了最新的技术解决方案，同时也是石油能源应急联动系统的重要组成部分。

（3）交通应用

交通行业每年新增公路里程约 100000km，铁路约 1000km，每项市场空间也在数十亿元，对无人机的遥感应用需求旺盛。

1）桥梁检测。桥梁多跨越江河，凌空于山涧，在桥梁日常检查与定期检查中，传统观察手段有限，危险性高，准确率低，效率低，经济投入大。针对净空较高、跨河桥梁的检测，无人机的应用可达到事半功倍的效果。

无人机通过搭载不同的传感器获得所需的数据并用于分析，根据桥梁检测的特殊性，通过在无人机侧方、顶部和底部多方位搭载高清摄像头、红外线摄像头，可更方便地观察桥梁梁体底部、支座结构、盖梁和墩台结构等病害情况，视频及图片信息可实时回传。斜拉桥与悬索桥的主塔病害情况检测也不需要人员登高作业，桥梁检测工作更为安全。

红外线摄像头辅助，可快速地检查出桥梁结构中渗漏水、裂缝等病害。多旋翼无人机可定点悬停，便于对病害部位仔细检查。相比桥检车与升降设备，无人机轻巧灵动，效率高，投入也更小。

2）施工监控。施工规划阶段，无人机搭载高清摄像镜头与测绘工具，回传施工用地的图像、高程、三维坐标以及 GPS 定位，后台分析软件对数据识别拼接、3D 建模及估测土方量等，对施工场地的布置和道路选线等提供强有力的信息支持。

施工阶段，无人机采集影像资料，可直观地获取工地施工进展情况，在桥梁合龙等关键工序实施过程中，借助无人机开阔的视野也可协助发现施工现场的安全隐患。

3）线路巡检。在公路线路、海航内行航线的线路巡检中，无人机效率高，可增加巡检频率，加强对线路的了解。

通过公路巡查，可采集全线道路信息，包括车辙、坑槽等破损路面的图片信息采集，回传给地面站，由后台分析软件对图片分析归类，形成分析报告，辅助现场养护任务的决策。公路两侧的违章占地、摆放也可以通过图像对比技术，得到及时发现与处理。

在高速公路危险品事故应急处理问题中，无人机可代替人员进行初步的事故现场勘查，为事故处理方案的制订提供一手信息，若现场信息不明，贸然出动工作人员进入事故现场，可能会造成不必要的伤亡。

4）交通协管。无人机在交通协管中，可用于拥堵事件采集、事故快处快赔、视频抓拍执法、重点车辆查处、案件分析和道路监控等。

交通节点高空视频采集。无人机可对道路基础数据进行采集、存储和应用，对各大路口、重要路段和交通附属设施进行高空视频采集，长期保存，以供交通大数据分析使用。数据可供交通规划、交通建设等部门应用。

交通拥堵节点数据的采集、分析。固定视频的补充，有些地方没有装固定的视频采集点，或者固定采集点的角度没有办法做到很好的体现，用无人机，可以更好地了解拥堵点交通的情况。

道路交通工程改造前后对比数据的采集、分析。改造前后可以通过视频采集做一个对比，一目了然。

### 5.公共安全领域应用

无人机遥感在公共安全领域的应用主要是提供了一种轻便、隐蔽和视角独特的工具，确保安全领域工作人员人身安全的同时，能够得到最有价值的线索和情报，但对获取时效性和图像分辨率要求较高，对无人机系统的出勤率要求较高。目前电动多旋翼机的使用最多，其次是跨境特殊任务的长航时高隐蔽性无人机。

（1）常规公共安全领域。小型无人机可以应用于反恐冲突、群体性突发事件和活动安全保障等方面。比如一旦发生恐怖袭击事件，无人机可以代替警力及时先赶往现场，利用可见光视频及热成像设备等，把实时情况回传给地面设备，为指挥人员决策提供依据。或者是发生群体性事件、大型活动或搜索特定人员等方面，小型无人机可以快速响应、机动灵活，既可以传输实时画面，又可以投送物品、传递信息等，如果加装喇叭也可以喊话传递信息。

（2）边防领域。小型无人机的机动性高、续航时长等，利用地面站软件对飞行路线进行设置，可以对边境线进行长时间巡逻，或者专门对某些关键区域进行缉私巡逻。比如我国云南等一些山区，存在罂粟农作物种植的情况，可通过小型固定翼无人机，配备光谱分析装置，对该区域进行定期扫描式检测飞行，可以达到高效监管的目的。

（3）消防领域。小型无人机可以配备红外热成像视频采集装置，对区域内热源进行视频采集，及时准确地分析热源，从而提前发现安全隐患，降低风险和损耗。比如某高层建筑突发火灾，地面人员没办法看到高层建筑物中的真实情况，这时可以派出无人机飞到起火的楼层，利用机载视频系统对起火楼层人员状况进行实时观察，从而引导相关人员进行施救。

（4）海事领域。一旦发生海难，仅仅利用海面船只进行搜寻的效率太低，因而利用无人机搭载视频采集传输装置，对海难出事地点附近进行搜寻，并以此为中心点，按照气象、水文条件等，对飞行路线进行导航设置，可以及时搜寻生还者，引导附近救援船只进行营救。还有就是一些重点航道、关键水域，海事部门也可以通过无人机对非法排污船只进行监测，以此取证。

### 6. 互联网、移动通信和娱乐应用

无人机在互联网、移动通信和娱乐行业中的应用以面向大众服务为主，通常以数据采集及共享方式体现，热点应用主要有无人机无线网络、无人机物流和影视拍摄等。互联网、移动通信相继介入无人机业务，扩大市场，利用无人机作为载体实现区域无线网覆盖，提供更智能、便捷的服务。

#### （1）互联网应用

无人机遥感在互联网领域的应用具有良好的规模效应和百姓认知度，在高分遥感数据获取街景数据采集、影像和电子地图导航、旅游餐饮娱乐场所数据采集和广告图像等方面应用较多，利用无人机产生的各种创意创新业态方面也初现端倪。

无人机作为一种快速发展的空间立体数据获取平台，能够获取大量的、覆盖面广的和时效性强的数据，服务于互联网领域的导航、旅游等多个方面。无人机遥感与互联网领域的结合，有利于主动打破无人机局限于航拍的功能，实现了"互联网＋无人机"的新的发展思路和模式，进一步放大无人机的平台效应，为无人机的发展潜能创造更广阔的想象和开发空间。中国互联网快速发展，提供的业务不断丰富，网络需求日益增强，随着"互联网＋"的提出和实施，无人机遥感与互联网的结合将进一步紧密，其主要趋势包括以下方面：

1）无人机与拍客。拍客借助无人机航拍视频短片在网络上分享，网友可以在网上寻找前所未有的、丰富的航拍视频和图片资源而不必付费。在国内优酷、土豆和深圳大疆公司已开展相关合作的探索，这种合作可能会改变现有航拍产业的格局，使这个产业不再是

专业人士的一项专利；改变现有视频网站业务模式，专业级的航拍视频也许会给视频带来新的流量和利润增长点；还将使农业、地质、矿业和城建等行业更多地通过航拍上传网络走进大众视野，促进科技传播。这必将促进无人机在互联网领域得到更为广泛的应用。

2）无人机与新媒体。无人机的出现将使媒体在报道新闻时未必非要"到现场去"，可以利用无人机在灾难或突发事件现场传回照片、音频和视频，而在现场的记者也可以利用无人机查看他无法进入的地点，及时获取第一手资料。特别是诸如地震、核泄漏和海啸等重大灾害，无人机的应用将使新闻更加客观和及时。

3）无人机与空中网络热点。谷歌很早就公布了利用热气球在某些地区实现互联网接入，而Facebook则更进一步，有媒体报道，Facebook提出了一个利用太阳能无人机在全球提供互联网的项目。他们预计，大约1000架这样的无人机就能让整个地球时刻保持着高速的互联网连接。随后，谷歌也更新了他们的计划，将利用无人机充当"Wi-Fi基地台"，为全球数十亿人提供无线网络服务。

4）无人机与云计算。云计算和大数据服务需要大量的数据节点来服务，特别是在没有网络覆盖的区域，相关工作极为不便。因而，廉价的无人机可以充当空中数据资源节点，将相关信息源源不断地传向下一个节点。由于无人机价格低廉、数据节点可以模块化，极大地降低了使用成本。

5）无人机与快递。无人机充当诸如快递员的角色，国内外具备快递服务的公司已开展了相关的飞行试验，如亚马逊、京东、阿里巴巴和顺丰等。这项技术有助于打通电商整合社区服务的"最后1km"，推进相关O2O企业的发展，在未来有很大的应用空间。

尽管目前受限于一些技术难题及相关制度的制约，无人机正式商用尚需时日，但不可否认，属于无人机的时代即将到来，而它和互联网的结合无疑还有更多可能。

（2）移动通信领域

无人机遥感在移动通信领域的集成应用以移动通信智能手机为主要渠道，目前利用手机控制无人机、传输遥感数据以及开发有关App，做调查分析和外业核查数据采集编辑等工作，偏于局部细节，但是可极大地提高作业效率。

近年来，移动通信在全球范围内迅猛发展，数字化和网络化已成为不可逆转的趋势。我国移动通信制造业的生产规模比较大，生产技术与管理水平比较高，保持了快速健康的发展势头。

无人机遥感技术与移动通信技术的结合，无疑使无人机遥感平台可以利用移动通信技术解决遥控遥测数据远程传输，利用基于移动通信技术的移动终端进行飞行控制，利用无人机搭载无线Wi-Fi设备，为移动终端创建无线热点信号，实现无人机与移动通信技术的优势互补，相互促进。同时，无人机遥感平台可以继承基于GPRS/3G/4G技术的无线通信设备，实现无人机遥感平台控制信息的远程传输，实现在全国范围内对无人机遥感平台的控制和监管，合理调度资源，保证飞行安全，为空管部门实现对无人机的监管提供技术手段。

（3）文化娱乐活动

目前无人机遥感用于百姓娱乐活动，主要是采集影视文化资源，获得视觉冲击力和艺术效果，用于提升文化领域的商业价值。

各种影视片中广袤的草原、沙漠等优美风光和从上而下的角度特写已屡见不鲜，这种画面极具气势，为影视片增色不少。以往拍摄这些角度，制作公司需租借直升机，拍摄人员在直升机上俯拍完成，画面虽优美，但造价却相当高昂。无人机航拍的出现，让影视拍摄变得更加简单。

作为现代影视界重要的拍摄方式之一，跟传统飞行航拍方式相比，无人机航拍更为经济、安全和便于操控。因此，无人机航拍受到了影视创作与技术人员的热捧。近年来应用无人机航拍制作的影视作品层出不穷，专题片、影视剧、广告宣传片和音乐电视等都采用了无人机完成航拍作业，并且取得了令人瞩目的社会与经济效益。

影视圈使用无人机的成功案例比比皆是，无论是新晋导演韩寒的处女秀《后会无期》，还是炙手可热的节目《爸爸去哪儿》，抑或经典大片《哈利·波特》系列、《007 天幕坠落》《变形金刚 4》等，都能从幕后发现无人机的踪影。

7. 测绘行业应用

随着无人机技术和遥感技术的不断发展，无人机遥感作为除航天和传统航空外的地理信息获取重要技术手段，已成为众多测绘单位的标配装备，应用十分广泛，无人机遥感技术在测绘行业中具有非常重要的作用。无人机测绘技术在国家生态环境保护、矿产资源勘探、海洋环境监测、土地利用调查、水资源开发、农作物长势监测与估产、农业作业、自然灾害监测与评估、城市规划与市政管理、森林病虫害防护与监测、公共安全、国防事业、数字地球以及广告摄影等领域得到广泛应用，市场需求前景也十分广阔。无人机可以搭载多种遥感任务设备，如轻型光学相机系统、高分辨率数码相机系统、倾斜摄影相机系统、全景相机系统、红外相机系统、紫外相机系统和轻小型的多光谱成像仪、合成孔径雷达系统、机载激光扫描系统磁测仪等用以获取信息，并通过计算机和相应的专业软件对所获取的图像信息进行处理，按照一定精度要求制作成图像。在实际应用中，为适应测绘测量的发展需求，提供相应的资源信息，需获取正确、完整的遥感影像资料，无人机测绘技术可直接获取相应的遥感信息，并在多个领域中应用。无人机测绘行业应用主要包括以下几个方面：

（1）4D 测绘成果生产。无人机航空摄影测量是无人机遥感的重要组成部分，是航天摄影测量和传统航空摄影测量的有力补充，航天摄影测量适合大区域（1000 km² 以上，面积越大，成本越低）中比例尺（1∶5000，1∶10 000 及以下）4D 测绘成果生产，传统航空摄影测量适合大范围（500 km² 以上，面积越大，成本越低）大比例尺、中比例尺 4D 测绘成果生产，而由于无人机航空摄影测量具有无人机飞行相对航高低（50~1000 m）、飞行速度慢（通常小于 200 km/h）、受气候条件影响小（可云下超低空飞行）、遥感影像分辨率高（影像最高 GSD 可小于 5cm）、起降场地要求低、系统价格低廉、作业方式灵活（可测区内起降，受空中管制和气候影响较小）、安全性较高、作业时效性好、系统性价比高、作业周期短和效率高等特点，更适合小范围（300km² 以下）大比例尺、中比例尺 4D 测绘成果生产、地质灾害监测及应急测绘等领域。

无人机航空摄影测量主要使用的机载遥感任务设备包括轻型光学相机系统、高分辨率数码相机系统和轻小型的多光谱成像仪、合成孔径雷达系统、机载激光扫描系统等。

（2）倾斜摄影三维实景建模。倾斜摄影技术是国际测绘领域近些年发展起来的一项高新技术，是摄影测量与遥感未来的主要发展方向，它颠覆了以往正射影像只能从垂直角度拍摄的局限，通过在同一飞行平台上搭载多台传感器，同时从一个垂直、四个倾斜等五个不同的角度采集影像，将用户引入了符合人眼视觉的真实直观世界。该技术在欧美等发达国家已经广泛应用，如应急指挥、国土安全、数字城市（工程）管理、生态与环境治理、工程勘测设计、数字旅游开发、数字文物保护和房产税收等。无人机倾斜摄影三维实景建模主要使用的机载遥感设备（包括各种轻小型或微型倾斜摄影相机系统），软件系统主要包括 Bentley 公司的 Context Capture 软件、Skeline 格式的 Photo Mesh 软件、Pictometry 公司的 Pictometry 软件、法国欧洲空客防务与空间公司的 Pixel Factory NEO（原 Street Factory 街景工厂）、俄罗斯的 Agisoft Photo Scan 软件、微软 Vexcel 公司 Ultramap 软件、以色列的 Vision Map 软件，以及基于 INPHO 系统的 AOS 软件、武汉天际航信息科技股份有限公司的 DP-Modeler 等。

传统三维建模通常使用 3dsMax、AutoCAD 等建模软件，基于影像数据、CAD 平面图或者拍摄图片估算建筑物轮廓与高度等信息并进行人工建模。这种方式制作出的模型数据通常精度较低，纹理与实际效果偏差较大，并且生产过程需要大量的人工参与；同时数据制作周期较长，造成数据的时效性较低，因而无法真正满足用户需要。而倾斜摄影测量技术以大范围、高精度和高清晰的方式全面感知复杂场景，通过高效的数据采集设备及专业的数据处理流程生成的数据成果直观反映地物的外观、位置和高度等属性，为真实效果和测绘级精度提供有力保证；同时有效提升模型的生产效率，采用人工建模方式一两年才能完成的一个中小城市建模工作，通过倾斜摄影建模方式只需要 3~5 个月即可完成，大大降低了三维模型数据采集的经济代价和时间代价。

（3）空中全景摄影。空中全景摄影技术是国际测绘领域近些年发展起来的一项高新技术，是摄影测量与遥感未来的一个重要发展方向，它颠覆了以往只能从地面拍摄的局限，通过在同一飞行平台上搭载多台传感器，同时从多个不同的角度采集影像，将用户视角提高至空中，合成的全景影像范围更大，空中俯瞰的效果更为震撼，更符合人眼视觉的真实直观世界。目前广泛应用于城市级旅游景点宣传、房地产推介、电子导航地图、智慧城市（工程）、智慧交通、智慧水利、生态与环境治理等领域。

无人机空中全景摄影主要使用的机载遥感任务设备包括轻小型全景相机系统。

（4）自然灾害、突发事件应急处理应用。在自然灾害、突发事件中，如果用常规的方法进行测绘地形图制作，往往达不到理想效果，且周期较长，无法实时进行监控。比如，地震救灾中，由于地震灾区是在山区，且环境较为恶劣，天气比较多变，多以阴雨天为主，利用卫星遥感系统或载人航空遥感系统无法及时获取灾区的实时地面影像，不便于进行及时救灾。而无人机的航空遥感系统则可以很好地避免以上情况，迅速进入灾区，对震后的灾情调查、地质滑坡及泥石流等实施动态监测，并对震灾区的道路损害及房屋坍塌情况进行有效的评估，为后续的灾区重建等工作提供了更有力的帮助。无人机测绘测量在突发事件处理中的应用取得了很好的效果，并取得了出乎意料的成功。

无人机遥感在自然灾害、突发事件应急处理中的应用主要采用摄影测量技术，更多地使用快速生产制作的数字正射影像 DOM 和数字高程模型 DEM，使用的主要遥感任务设备、数据处理软件和作业流程与无人机摄影测量基本相同。

（5）资源变化检测及违章违法监控。无人机遥感技术在我国资源变化检测及违章违法监控中应用比较广泛，如国土资源管理行业的土地利用现状变化检测和违章用地监控、城市管理中的违章建筑监控和工程建设中违法建筑等，主要通过多期无人机遥感影像比较发现变化对象或监控对象。

无人机遥感技术还能够及时获取感兴趣区域中新发现古迹、新建街道、大桥、机场、车站以及土地、资源利用情况等最新、最完整的地形地物和影像资料，对地区、各部门在综合规划、田野考古、国土整治监控、农田水利建设、基础设施建设、厂矿建设、居民小区建设、环保和生态建设等方面提供翔实的辅助决策基础资料，提高规划成果质量和决策水平。

无人机遥感在资源变化检测及违章违法监控方面，可根据任务的不同需求选择使用不同遥感任务设备和处理软件。

8. 其他新兴应用

近些年来，无人机遥感的应用不断扩展壮大，一些新兴的应用场景开始进入公众视野。

（1）虚拟教学。WGDC 2017 地理信息开发者大会上，一段全站仪虚拟教学的视频吸引了很多人驻足观望。

这种虚拟教育的方式将大数据三维可视化和全息虚拟现实结合到一起，通过激光设备或摄影测量设备采集实景三维数据，对三维数据进行优化转换和细节还原，通过特定算法，借助专业设备让体验者通过实景全息，达到身临其境的教学效果。

众所周知，地理测绘教学在实践环节中易受训练设备、天气条件和实训环境的影响，实际操作开展的困难较大，而虚拟现实技术将虚拟环境教学与现实环境教学打通，加深了学生对测绘技术的理解，强化了教学效果。

（2）古建筑三维建模。2016 年 5 月中旬，行业内某企业受美国著名影视制作公司 MacGil-livray Freeman Films 的邀请，曾参与了大型纪录片 *Dream Big* 的中国区——长城段的影片拍摄，并承担了针对长城的激光雷达数据收集任务。

该纪录片拍摄过程中，无人机首先对长城进行激光雷达扫描并收集长城正射和倾斜摄影，然后对扫描数据进行处理和建模，对影像进行拼接建模。

通过无人机遥感技术将现代与传统智慧完美结合,利用厘米级精度的激光雷达传感器,可真实还原古建筑风貌,帮助人们探索古建筑背后所蕴含的故事。

（3）精准扶贫。2016年9月,全国地理信息精准扶贫应用现场会召开,要求测绘地理信息全行业积极推广基于地理信息的精准扶贫应用典型做法和工作经验,着力推动地理信息在精准扶贫中的应用。

其中,资料收集是制作扶贫工作用图开发和地理信息服务平台的基础,包括脱贫村村域范围的地形图DLG数据、村庄建成区DLG地形图数据、脱贫村内土地利用现状图、行政村界数据和脱贫村所在县的行政区划图等。

同时,需要无人机倾斜摄影技术对部分脱贫村进行倾斜摄影航飞的现场调查调绘,以保证工作的高效性、全面性和准确性。目前,基于地理信息技术的精准脱贫已经在河北省、湖北省等多地取得了明显成绩。

（4）精准营销。目前,商业、零售业的大数据企业正在和地理信息行业企业展开积极合作。大数据企业自身技术优势明显,但在地理维度工作处理中有所欠缺。例如,地理信息技术可以将企业合作伙伴或者会员的注册文字转换成地理编码,通过计算机机器学习模型,对地址进行切割和标注,通过和外界数据的结合,包括小区类型数据、地图底层数据,进而对人体进行画像分类,为企业精准营销、精细化运营提供决策性指导。虽说地理编码和数据标签是地理大数据的基本功,但将其运用到炉火纯青的程度也实属不易。目前,这项基本功已经被广泛应用到保险、零售和房地产等多种行业中。

（5）共享单车。被誉为中国"新四大发明"的共享单车如雨后春笋,一时间各种颜色的共享单车出现在大街小巷,简直可称为"彩虹大战"。要知道,共享单车和地图应用的契合度极高,以位置信息为核心提供服务,其骑行导航服务能够为用户提供路线服务,并可通过用户轨迹形成大数据,优化运营。同时,地理围栏也可解决共享单车爆发带来的乱停乱放问题。对于政府和企业划定的禁停区,开发者可通过地理围栏手段,创建禁停区的多边形地理围栏,通过对单车定位和禁停区位置的对比,避免乱停车现象,减少公共资源的浪费,带来良好的社会秩序和城市面貌。

（6）自动驾驶。测绘地理信息为自动驾驶领域中的应用提供基础位置信息服务,想要实现自动驾驶就要满足其对高精度地图的需求,这样就不可避免地涉及地图测绘以及路径规划等地理信息可完成的相关工作。

《速度与激情8》电影中车辆自动驾驶的场景令人印象深刻。但在现实中,目前自动驾驶还有两大主要难题需要解决:一是国家政策对导航地图数据公开的限制;二是各类高精度地图还难以满足自动驾驶车辆对厘米级的定位导航需要。

（7）北斗卫星导航系统介绍

1）概述

北斗卫星导航系统(以下简称北斗系统)是中国着眼于国家安全和经济社会发展需要,自主建设并运行的全球卫星导航系统,是为全球用户提供全天候、全天时、高精度的定位、导航和授时服务的国家重要时空基础设施。

北斗系统自提供服务以来，已在交通运输、农林渔业、水文监测、气象测报、通信授时、电力调度、救灾减灾、公共安全等领域得到广泛应用，服务国家重要基础设施，产生了显著的经济效益和社会效益。基于北斗系统的导航服务已被电子商务、移动智能终端制造、位置服务等厂商采用，广泛进入中国大众消费、共享经济和民生领域，应用的新模式、新业态、新经济不断涌现，时刻改变着人们的生产生活方式。中国将持续推进北斗应用与产业化发展，服务国家现代化建设和百姓日常生活，为全球科技、经济和社会发展做出突出贡献。

北斗系统秉承"中国的北斗、世界的北斗、一流的北斗"发展理念，愿与世界各国共享北斗系统建设发展成果，促进全球卫星导航事业蓬勃发展，为服务全球、造福人类贡献中国智慧和力量。北斗系统为经济社会发展提供重要时空信息保障，是中国实施改革开放40余年来取得的重要成就之一，是新中国成立70年来重大科技成就之一，是中国贡献给世界的全球公共服务产品。中国将一如既往地积极推动国际交流与合作，实现与世界其他卫星导航系统的兼容与互操作，为全球用户提供更高性能、更加可靠和更加丰富的服务。

2）发展目标

建设世界一流的卫星导航系统，满足国家安全与经济社会发展需求，为全球用户提供连续、稳定、可靠的服务；发展北斗产业，服务经济社会发展和民生改善；深化国际合作，共享卫星导航发展成果，提高全球卫星导航系统的综合应用效益。

3）建设原则

中国坚持"自主、开放、兼容、渐进"的原则建设和发展北斗系统。

自主。坚持自主建设、发展和运行北斗系统，具备向全球用户独立提供卫星导航服务的能力。

开放。免费提供公开的卫星导航服务，鼓励开展全方位、多层次、高水平的国际合作与交流。

兼容。提倡与其他卫星导航系统开展兼容与互操作，鼓励国际间合作与交流，致力于为用户提供更好的服务。

渐进。分步骤推进北斗系统的建设发展，持续提升北斗系统服务性能，不断推动卫星导航产业全面、协调和可持续发展。

4）远景目标

2035年前还将建设完善更加泛在、更加融合、更加智能的综合时空体系。

5）基本组成

北斗系统由空间段、地面段和用户段三部分组成。

空间段。北斗系统空间段由若干地球静止轨道卫星、倾斜地球同步轨道卫星和中圆地球轨道卫星等组成。

地面段。北斗系统地面段包括主控站、时间同步/注入站和监测站等若干地面站，以及星间链路运行管理设施。

用户段。北斗系统用户段包括北斗兼容其他卫星导航系统的芯片、模块、天线等基础产品，以及终端产品、应用系统与应用服务等。

6）发展特色

北斗系统的建设实践，走出了在区域内快速形成服务能力、逐步扩展为全球服务的中国特色发展路径，丰富了世界卫星导航事业的发展模式。

北斗系统具有以下特点：一是北斗系统空间段采用三种轨道卫星组成的混合星座，与其他卫星导航系统相比高轨卫星更多，抗遮挡能力强，尤其低纬度地区性能优势更为明显。二是北斗系统提供多个频点的导航信号，能够通过多频信号组合使用等方式提高服务精度。三是北斗系统创新融合了导航与通信能力，具备定位导航授时、星基增强、地基增强、精密单点定位、短报文通信和国际搜救等多种服务能力。

## （三）存在问题及对策

为了将无人机遥感技术更好地应用于环境保护领域，无人机遥感技术有待在无人机设计、遥感传感器、姿态控制、数据传输和存储、图像智能快速拼接与自动识别、系统总体集成等方面取得突破。

### 1. 无人机设计技术

无人机体积小、质量轻，对起飞、降落场地有一定要求，设置受工作区地形地貌等条件的限制，尤其天气状况影响较大，若遇大风天气，则无法进行拍摄。起降场地可以采用弹射起飞、伞降、撞网回收解决不利地形起降问题。飞机设计需寻求各要求（载重、航时、作业环境、作业特点、起飞降落条件、抗风性能、展开时间）上的平衡，技术许可的条件下尽可能满足各种需求。中科院遥感所已研制一套无人机高精度航磁探测系统，解决了磁干扰自动补偿校正技术和多路信息全自动同步采样技术等关键技术，达到多探头、多参量、数字化、全自动、低功耗和高环境适应性的国内先进水平。

### 2. 遥感传感器技术

由于无人机航拍图像像幅小、基高比小，相同的重叠度情况下，需要更多的控制点；飞行姿态不稳定，造成航拍旋偏角、俯仰、滚动，甚至导致连接有问题；传感器采用非专业相机，光敏度、像点位移，存在镜头畸变，以及其他未知的系统误差。

无人机遥感系统的性能还有很大的提升空间，采用多光谱传感器和性能更好的无线数据链路将极大地提升系统的作业效率和影像的清晰度。

### 3. 遥感数据后处理技术

Darren Turmner 对无人机超高分辨率影像利用计算机视觉模型生成点云数据，随后生成纠正图像镶嵌的自动技术，远远超过了传统平台现有的图像镶嵌精度。严格的正射校正比目前应用的空三测量更能改善空间精度，这方面还需进一步研究。无人机航空遥感系统存在的缺陷如下：无法获得姿态参数，影像纠正的难度较高，影像数量多，拼接任务重，影像的前期预处理工作量大；影像的通道数较少，自动分类精度较低，需要人工目视解译的部分比重大。解决这些问题依赖于无人机机载传感器性能的提升、分类方法的改进、遥感影像快速拼接软件的开发、遥感影像的自动识别。比如在应急方面,可以加入更多其他灾害的红外特征,起到预警多种灾害的作用。

4. 无人机遥感系统内处理不够规范,需要技术投入

无人机遥感系统内处理尚没有明确的技术路线和规范,亦没有一套专业理论指导。现在使用的图像处理软件处于探索时期,软件和硬件的设计还需要技术投入。针对特定区域需要制定相应的技术规范,无人机行业前景相当广阔,无论是军用还是民用,无人机遥感系统将朝着模块化、系列化和标准化的趋势发展,应用范围极其广泛,前景喜人。

## (四)数据处理技术展望

### 1. 无人机遥感影像与卫星遥感影像图像融合

高分辨率的无人机遥感影像与多波段卫星遥感影像进行图像融合,这种像素级的图像融合形成一幅新的图像,此图像既有高分辨率又有多波段,能够更准确地识别提取潜在的目标。图像融合可以增加图像的有用信息,以便进行可靠的分段,为进行下一步处理提供更多特征。

### 2. 无人机遥感影像分割及地面目标信息提取技术

实现影像分割方法能够较好地发挥无人机影像局部信息丰富的优势,虽然方法程序复杂、参数多、运算量大,但随着参数选择策略的研究及计算设备的改进,这些缺点都可以克服;面向对象的地物提取方法在识别地物方面具有明显优势,但在精确定位地物边缘方面并不是最优的;利用影像分割算法与面向对象的地物提取方法,目前已经实现了从无人机高分辨率遥感影像中提取车辆,在此基础上,从连续拍摄的无人机影像序列中获得车辆的运动信息。研究表明,无人机遥感影像在提取动态目标运动信息方面具有很大的挖掘潜力。提取动态目标运动信息这种技术国外已经实现,将遥感视频影像与 GIS 软件结合集成技术可以为环境监察、环境应急提供很好的技术支持。

### 3. 计算机自动进行纹理信息分析

无人机可同时装载两台或多台相机,增加有倾角的俯拍,多视角图像更加有助于环境监测、环境影像评价的发展。例如在森林资源二类调查中,除了区划,还要确定小班的树种、密度、直径,推算森林蓄积量等。无人机航片分辨率高,具有非常丰富的纹理信息,理论上讲,存在着用计算机自动进行纹理分析对上述数据进行估计的可能,甚至小班边界也有可能通过纹理分析自动确定。

### 4. 提高视频截图的清晰度

交互式数据语言对于底层硬件和通信接口的管理能力不强,获得的视频帧率偏低,导致实时视频的连贯性较差。计算机软件稳像技术(防抖)和基于清晰度的图像筛选技术加入软件功能中,提高视觉效果和视频截图清晰度的技术有待进一步研究。

### 5. 完善解译方法与解译标志的规范化

无人机遥感解译利用影像的形状、色调、大小、阴影等,结合影像上与地质体有关的

土地利用类型、植被分布、水系格局等特征，总结出一套适合环境影响评价、生态类环保验收、典型地质以及地形地貌的解译方法，并且形成相关的解译标志，将是一个研究课题。

## 二、无人机航拍测绘技术在农村土地利用规划中的应用研究

目前，随着我国城市化进程的不断加快，城市建设用地的红线在步步逼近，城市建设用地无法满足城市人口承载力的需求，农村剩余劳动力的转移已经形成了巨大的压力；因此农村土地的集约节约利用形成了一个新的缓解城市建设用地紧张的突破口，针对农村开展的中心村和自然村的规划在我国农村大面积铺开，而对农村进行规划的前提就是要对农村的地物现状进行准确的测绘，过往的全站仪、rtk 等测量技术已经无法满足高效率的新农村规划对测绘任务的需求，而新的航拍测绘技术就被提上日程，无人机航拍测绘技术不仅能够满足对基础地形测绘小范围 1 ∶ 1000 的比例尺精度的要求，而且大大节省了测绘的效率。

目前学者们关于无人机航拍测绘技术在农村土地利用规划中应用的研究较少，本研究探讨了该技术在农村土地规划中的应用，对后续全国铺开的新农村规划有一定的借鉴和参考价值。

### （一）研究区域和数据来源

本研究选取的新农村规划点是江西省赣州市石城县洋地村，洋地村位于江西省赣州市石城县东南部，横江镇西部，距石城县城 24 km，东邻福建宁化，东南抵福建长汀，西南与江西省瑞金接壤，西毗石城县龙岗，西北与石城县屏山交界，北靠石城县珠坑。

坐落于闽赣交界之武夷山西麓，地势东高西低，东部武夷山脉，山势逶迤，群峦叠嶂，自然资源丰富，交通发达，林竹并茂，文坛玉纸，久誉闻名，远销中外，是赣江源头第一乡村。

村东面小山连绵，村西面丘陵起伏，秋溪河由南向北从中贯穿，将整个村子分为东西两边。全村辖 11 个村民小组，总户数为 368 户，总人口 1 350 人，耕地面积 77.87 hm²。

中华人民共和国成立初期为横江区洋和乡。主要手工业产品有南金纸，农业以烟莲种植为支柱产业，是江西省百强乡村之一。

### （二）航拍测绘的技术、方法过程及数据处理

#### 1.航拍图片的拼接及特征地物采集

无人机航拍的分辨率是 2600 万像素，洋地村的整个地域范围的形状类似一个勺子，整个洋地村无人机航拍的图片一共约 1300 张，重复率高达 80%，按照洋地村的实际地形，采取条带状碾压的飞行方式，保证垂直正射的飞行要求，微单保持 1s 拍摄 1 次，使范围覆盖非常齐全，没有空缺和遗漏的地方，而且注意了拐角处的衔接，一个条带碾压过去之后，和另一个平行的条带之间的重叠度超过 80%，这对飞机的性能、航飞手的飞行技术有一定的要求。

　　将无人机航拍采集的多张图片进行影像的拼接，采用 PS5.0 专业拼接软件，PS5.0 软件的优点是有自动识别功能，会根据像素的特征，把特征要素较多的图片拼接在一起，这就解释了航飞时为什么要保证一定的飞行重叠度，但是自动拼接只能是完成那些在像素特征上极其相近的图片，更多的工作还需要人工拼接来完成，对于影像上信息特征较弱的图片，需要专业的拼接技术人员去肉眼识别图片之间的重复地物，并使用自动扭曲和调整功能将图片融合在一起，在融合之后需要使用自动抹除功能将拼接条痕抹除掉，并保证色调和主体图像保持一致。PS5.0 还增加了许多图片增强和弱化的功能，根据具体的图片信息适当做些完善和处理才更有利于后期影像的矢量化。

　　在完成影像拼接之后，进一步对影像进行校正和坐标转换，把 WGS84 坐标体系下的坐标转换成目标要求的北京 54 坐标系。在测绘时采用的是中海达 S760 手持 GPS，这种GPS 简易、方便，可以满足野外采集坐标数据的要求，S760 只需要插 1 张内置储值卡，连接江西省赣州市石城县 CROSS 站，就能准确定位每个目标点的准确坐标和高程，误差能保持在 0.05 m 范围以内。

　　特征地物的选取也具有一定的规范和要求，方便后期在做影像校正和坐标转化时能够确切地在图上找到该地物点，寻找越准确校正精度就越高，成图就越能更准确地纳入全国统一的北京 54 坐标系统。

　　2. 影像校正与坐标转换

　　（1）用 Arc GIS 打开影像图：点击菜单栏中的"添加数据按钮"，在弹出的对话框中点击"连接文件夹"，选择 tiff 所在文件夹，点击"确定"，然后在"查找范围"中选择需要添加的 tiff 文件，点击"添加"。

　　（2）点击"视图"→"数据框属性"→在"常规"下"显示"中选择"度分秒"→"应用"→"确定"。在影像上选择特征点（特征点不少于 4 个），记录下特征点的经纬度。打开"HDS2003 数据处理软件包"，选择"工具"→"坐标转换"→"设置"→"地图投影"→"中央子午线"输入"117"，在右边的"椭球"选择"国家北京 54"，输入经纬度，点击"转换坐标"，记录下该点坐标，这样把所有特征点都转换并记录好。

　　（3）在 Arc GIS 中打开"地理配准"工具栏，点击"添加控制点"，在影像上刚刚选择的特征点上单击，然后右击，选择"输入 X、Y"，输入相应的 X、Y 坐标。这样把所有特征点的坐标都输入。坐标输入完成之后，在"地理配准"下拉选项中，选择"更新地理配准"，完成坐标转换。

　　（4）转换完成后，在左边的"内容列表"中右击影像名，选择"数据"→"导出数据"，在弹出的对话框中选择导出的文件夹，并命名，格式选择"TFF"，点击"保存"，之后会弹出 2 个对话框，都选择"否"。这样便会生成与影像相对应的 tfw( iff 的坐标定位文件)文件。注意 tfw 文件与 tff 文件名称要一致并放在同一个文件夹下。

　　3. 矢量化图高程融合

　　（1）打开谷歌地球，找到需要获取高程信息的村庄，并添加地标，在高程获取软件左侧点击刷新，此时会显示"投影带中央子午线"，江西为1179 E，点击"确定"。

（2）点击"数据采集"→"手工采集"，然后选择1个特征点，点号为K1，要记住该点的位置，方便后续的校正（因为研究采用的影像与谷歌地球的经纬度有偏差，所以导出的高程点需要校正）。

点击"底图窗取点"，然后在地图上选取特征点，点击之后，就会出现该点的坐标与高程，选择"采用"，该点就提取完毕。这样再提取出足够的点（提取时大部分的点沿着道路采集，在村庄周围适当采集一些点）。

（3）点采集完成之后，选择"文件"→导出数据，在弹出的对话框中，将"选择框"中的"描述"去掉，然后点击确定。选择存储位置，输入文件名，数据导出就完成了。

（4）数据导出后，找到刚刚导出的数据，导出的数据是"dat"文件，但是格式有点不对，需要将文件后缀改为"csv"格式，用 Excel 打开文件，在第 1 列与第 2 列之间插入 1 列，并将坐标的 3 列单元格格式设置为"数值"，小数位 3 位，保存好，再将文件名后缀改为"dat"。

（5）打开矢量化后的 CASS 图，导入高程点，会发现导入的点与图有偏差，在 CASS 中右击，选择"快速选择"，弹出的对话框做好相应的设置：此时高程点就全部选中了，然后用"m"命令进行偏移，根据之前选择的特征点，将高程点偏移到正确位置，到此，高程完毕。整个 CASS 软件成图就全部完成套盒。

## （三）数据对于农村土地利用规划的要求分析与评价

农村地区小范围的规划对现状图的要求及实际情况见表3-1。

表3-1　无人机测绘对于农村土地规划要求的吻合度情况

| 要求示范 | 实际情况 | 完成吻合度（%） |
| --- | --- | --- |
| 北京坐标系，黄海高程，1：1000 | 能严格达到1：1 000大比例尺的要求 | 100 |
| 房屋测出结构（砖混木等） | 能较准确地识别房屋的结构和层数 | 90 |
| 建筑性质标明（村委会、小学、幼儿园、祠堂、卫生所、厕所等） | 能准确地判断建筑物的性质、类别 | 100 |
| 道路测出路面结构（水泥、砂石、土路等） | 能较明晰地确定路面的实际状况 | 95 |
| 地物表示清楚（农田、草地、陡坎、果园、山体等） | 能较准确的判别地物的类别及边界 | 95 |
| 高压电力线电压测出 | 需要现场实地调绘 | 80 |
| 要求测量时和当地村委会沟通发展用地，测量时要求测出 | 需要辅助以实地的调查和采访 | 75 |

（续表）

| 要求示范 | 实际情况 | 完成吻合度（%） |
|---|---|---|
| 建设用地范围外的地形要求尽量测出 | 范围以外短距离内能基本覆盖 | 65 |

### （四）无人机航拍测绘技术在土地规划中的绩效评价

1.因子对规划要求的拟合度评价及分析

主要选取以下几个因子：正射影像的分辨率、航拍图片的重叠度、地物影像判别的清晰度、影像比例尺的精度情况、规划图中的特征地物和发展用地的指引作用，并对以上诸因子进行评价，而在评价因子的选择上主要选取了权重、实际完成效果、客户满意度、无人机配置和工作要求等4个方面，具体的评价过程和结果见表3-2。

表3-2　因子对于规划要求拟合度评价

| 评价指标 | 权重 | 实际完成效果 | 客户满意度 | 无人机配置和工作要求 |
|---|---|---|---|---|
| 正射影像的分辨率 | 0.018 | 0.2 | 比较满意 | 100m 高空 |
| 航拍图片的重叠度 | 0.232 | 70% | 满意 | 微单每秒1次 |
| 地物影像判别的清晰度 | 0.458 | 十分清晰 | 满意 | 2 600 万像素 |
| 影像比例尺的精度 | 0.260 | 0.05 | 一般 | 无人机自带数传和 GPS |
| 规划图中的特征地物和发展用地的指引作用 | 0.032 | 较翔实 | 十分满意 | 无人机边界拐角处全方位覆盖 |

2.基于 SWOT 分析法的无人机航测在规划中的识别和分析

根据研究过程的相关资料和数据，对农村土地利用规划产生影响的因素包括无人机影像的分辨率、无人机影像的清晰度、比例尺精确度、精度、时效性、操作机动性、工序烦琐程度、天气影响情况、环境适宜度、风险程度、成本状况、耗费状况、新设备的和谐度、新技术的应用潜力、业务量多少、安全事故和隐患、价格成本的可控性、国家法律法规的迎合度等。

因素全部罗列出来之后，再通过专家判断法，即个别、分散的征求专家意见，将这些因素归纳成在农村土地利用规划中影响无人机航拍测绘的外部因素与内部因素2组；然后设计问卷，使用特尔菲法，请专家们对所罗列的影响因素的影响程度进行打分，可采用评分的方式，问卷中内部因素中的正值可判断为优势因素，负值为劣势因素；外部因素中的正值为机遇因素，负值为威胁因素。

由此可识别土地利用规划中的 SWOT 各个方面因素，即通过专家打分平均值的正负，来判断所调查的各个因素是属于优势、劣势、机遇还是威胁。影响因素识别以后，根据所掌握的材料，对各个因素加以分析。

评分标准：评分的取值（−a，a），a>0；分数的绝对值代表该因素的影响程度；分数的正负代表该因素为机遇或威胁。由此可识别土地利用是积极影响还是不利影响。选取和邀请测绘行业、土地规划行业以及无人机专业的 12 位专家来对这些内部因素和外部因素进行打分分析，对各个因素分别进行影响强度评分。

无人机航拍测绘影像可以广泛应用到农村土地利用的规划中，它以其高分辨率、高清晰度、高时效、高机动性迎合了土地规划这一业务的需要，随着新技术和新设备的不断引进，其工作效率和工作精度将得到大大提高，但受天气和环境的影响也会存在局限性，操作过程中的风险威胁必须引起足够的重视。

### （五）结论和建议

综上所述，在当前农村基础地形测绘和规划实践中，无人机航拍测绘技术在测绘效率、精准度和图片处理技术上有很多优势，但并不意味着这种方法是毫无瑕疵的，有很多需要学者们继续努力和深入研究的方面，以使这门技术更加完善和成熟，更加符合规划技术要求。

总之，无人机航拍测绘在农村土地规划中的前景非常可观，但等待学者们继续深入探讨和需要解决的问题也会越来越多。

在未来的几十年里，应完善无人机上 GPS 的高精度设备，以便航飞的图片可以直接自带坐标；同时加强相位点的布控，更加准确地提高制图的精度；针对目前混乱的无人机航测市场，有关部门必须加以管控和规范，避免因为业务不熟造成不必要的伤残和损失，期待这一技术在农村土地利用规划中能越来越成熟和完善。

# 第四章　数据处理关键技术

进入 21 世纪以来，随着社会的不断进步和社会信息化的高速发展，数据和数据库应用的快速增长，数据处理的基础作用、数据处理的效率越来越受到人们的关注。本章对数据处理技术的相关知识进行了总结，并研究探讨了数据处理技术中遥感图像处理技术、激光雷达、无人机测绘数据处理关键技术的特点和应用情况。

# 第一节　概述

## 一、数据处理

### 1. 数据处理离不开软件的支持

数据处理软件包括用以书写处理程序的各种程序设计语言及其编译程序、管理数据的文件系统和数据库系统，以及各种数据处理方法的应用软件包。为了保证数据安全可靠，还有一整套数据安全保密的技术。

### 2. 方式

根据处理设备的结构方式、工作方式，以及数据的时间空间分布方式的不同，数据处理也有不同的方式。不同的处理方式要求不同的硬件和软件支持。每种处理方式都有自己的特点，应当根据应用问题的实际环境选择最合适的处理方式。数据处理主要有四种分类方式：（1）根据处理设备的结构方式区分，有联机处理方式和脱机处理方式。（2）根据数据处理时间的分配方式区分，有批处理方式、分时处理方式和实时处理方式。（3）根据数据处理空间的分布方式区分，有集中式处理方式和分布处理方式。（4）根据计算机中央处理器的工作方式区分，有单道作业处理方式、多道作业处理方式和交互式处理方式。

数据处理是对数据（包括数值的和非数值的）进行分析和加工的技术过程，包括对各种原始数据的分析、整理、计算、编辑等的加工和处理，比数据分析含义广。随着计算机的日益普及，在计算机应用领域中，数值计算所占比重很小，通过计算机数据处理进行信息管理已成为主要的应用。如测绘制图管理、仓库管理、财会管理、交通运输管理、技术情报管理、办公室自动化等。在地理数据方面既有大量自然环境数据（土地、水、气候、生物等各类资源数据），也有大量社会经济数据（人口、交通、工农业等），常要求进行综合性数据处理。故需建立地理数据库，系统地整理和存储地理数据，减少冗余，发展数据处理软件，充分利用数据库技术进行数据管理和处理。

用计算机收集、记录数据，经加工后产生新的信息形式的技术。数据指数字、符号、字母和各种文字的集合。数据处理涉及的加工处理比一般的算术运算要广泛得多。

3.计算机数据处理

（1）数据采集：采集所需的信息。

（2）数据转换：把信息转换成机器能够接收的形式。

（3）数据分组：指定编码，按有关信息进行有效的分组。

（4）数据组织：整理数据或用某些方法安排数据，以便进行处理。

（5）数据计算：进行各种算术和逻辑运算，以便得到进一步的信息。

（6）数据存储：将原始数据或计算的结果保存起来，供以后使用。

（7）数据检索：按用户的要求找出有用的信息。

（8）数据排序：把数据按一定要求排序。

数据处理的过程大致分为数据的准备、处理和输出3个阶段。在数据准备阶段，将数据脱机输入穿孔卡片、穿孔纸带、磁带或磁盘。这个阶段也可以称为数据的录入阶段。数据录入完成以后，就要由计算机对数据进行处理，为此预先要由用户编制程序并把程序输入计算机中，计算机是按程序的指示和要求对数据进行处理的。所谓处理，就是指上述8个方面工作中的一个或若干个的组合。最后输出的是各种文字和数字的表格和报表。

数据处理系统已广泛地应用于各种企业和事业单位，内容涉及薪金支付、票据收发、信贷和库存管理、生产调度、计划管理、销售分析等。它能产生操作报告、金融分析报告和统计报告等。数据处理技术涉及文卷系统、数据库管理系统、分布式数据处理系统等方面的技术。

此外，由于数据或信息大量地应用于各种各样的企业和事业机构，工业化社会中已形成一个独立的信息处理业。数据和信息，本身已经成为人类社会中极其宝贵的资源。信息处理业对这些资源进行整理和开发，借以推动信息化社会的发展。

## 二、数据处理与管理

数据处理是从大量的原始数据中抽取出有价值的信息，即数据转换成信息的过程。主要对所输入的各种形式的数据进行加工整理，其过程包含对数据的收集、存储、加工、分类、归并、计算、排序、转换、检索和传播的演变与推导全过程。

数据管理是指数据的收集整理、组织、存储、维护、检索、传送等操作，是数据处理业务的基本环节，而且是所有数据处理过程中必有的共同部分。

数据处理中，通常计算比较简单，且数据处理业务中的加工计算因业务的不同而不同，需要根据业务的需要来编写应用程序加以解决。而数据管理则比较复杂，由于可利用的数据呈爆炸性增长，且数据的种类繁杂，从数据管理角度而言，不仅要使用数据，更要有效地管理数据。因此需要一个通用的、使用方便且高效的管理软件，把数据有效地管理起来。

数据处理与数据管理是相联系的，数据管理技术的优劣将对数据处理的效率产生直接影响。而数据库技术就是针对该需求目标进行研究并发展和完善起来的计算机应用的一个分支。

## 三、数据处理工具

根据数据处理的不同阶段，有不同的专业工具来对数据进行不同阶段的处理。

在数据转换部分，有专业的 ETL 工具来帮助完成数据的提取、转换和加载，相应的工具有 Informatica 和开源的 Kettle。

在数据存储和计算部分，数据库和数据仓库等工具，有 Oracle、DB2、MySQL 等知名厂商，列式数据库在大数据的背景下发展也非常快。

在数据可视化部分，需要对数据的计算结果进行分析和展现，有 BIEE、Microstrategy、Yonghong 的 Z-Suite 等工具。

数据处理的软件有 EXCEL MATLAB Origin 等等，当前流行的图形可视化和数据分析软件有 Matlab、Mathmatica 和 Maple 等。这些软件功能强大，可满足科技工作中的许多需要，但使用这些软件需要掌握一定的计算机编程知识和矩阵知识，并熟悉其中大量的函数和命令。而使用 Origin 就像使用 Excel 和 Word 那样简单，只需点击鼠标，选择菜单命令就可以完成大部分工作，获得满意的结果。

大数据时代，需要可以解决大量数据、异构数据等多种问题带来的数据处理难题，Hadoop 是一个分布式系统基础架构，由 Apache 基金会开发。用户可以在不了解分布式底层细节的情况下，开发分布式程序。充分利用集群的威力高速运算和存储。Hadoop 实现了一个分布式文件系统 Hadoop Distributed File System，HDFS。HDFS 有着高容错性的特点，并且设计用来部署在低廉的硬件上。它提供高传输率来访问应用程序的数据，适合那些有着超大数据集的应用程序。

## 四、关键技术

大数据技术，就是从各种类型的数据中快速获得有价值信息的技术。大数据领域已经涌现出了大量新的技术，它们成为大数据采集、存储、处理和呈现的有力武器。大数据处理关键技术一般包括 大数据采集、大数据预处理、大数据存储及管理、大数据分析及挖掘、大数据展现和应用（大数据检索、大数据可视化、大数据应用、大数据安全等）。

1. 大数据采集技术

数据是指通过 RFID 射频数据、传感器数据、社交网络交互数据及移动互联网数据等方式获得的各种类型的结构化、半结构化（或称为弱结构化）及非结构化的海量数据，是大数据知识服务模型的根本。重点要突破分布式高速高可靠数据爬取或采集、高速数据全映像等大数据收集技术；突破高速数据解析、转换与装载等大数据整合技术；设计质量评估模型，开发数据质量技术。

大数据采集一般可分为大数据智能感知层，主要包括数据传感体系、网络通信体系、传感适配体系、智能识别体系及软硬件资源接入系统，实现对结构化、半结构化、非结构化的海量数据的智能化识别、定位、跟踪、接入、传输、信号转换、监控、初步处理和管理等。必须着重攻克针对大数据源的智能识别、感知、适配、传输、接入等技术。基础支撑层提供大数据服务平台所需要的虚拟服务器，结构化、半结构化及非结构化数据的数据库及物联网络资源等基础支撑环境。

2. 大数据预处理技术

大数据预处理技术主要完成对已接收数据的辨析、抽取、清洗等操作。

（1）抽取：因获取的数据可能具有多种结构和类型，数据抽取过程可以帮助我们将这些复杂的数据转化为单一的或者便于处理的构型，以达到快速分析处理数据的目的。

（2）清洗：大数据并不全是有价值的，有些数据并不是我们所关心的内容，而另一些数据则是完全错误的干扰项，因此要对数据通过过滤"去噪"提取出有效数据。

3. 大数据存储及管理技术

大数据存储与管理要用存储器把采集到的数据存储起来，建立起相应的数据库，并进行管理和调用。重点解决复杂结构化、半结构化和非结构化大数据管理与处理技术。主要解决大数据的可存储、可表示、可处理、可靠性及有效传输等几个关键问题。开发可靠的分布式文件系统（DFS）、能效优化的存储、计算融入存储、大数据的去冗余及高效低成本的大数据存储技术；突破分布式非关系型大数据管理与处理技术，异构数据的数据融合技术，数据组织技术，研究大数据建模技术；突破大数据索引技术；突破大数据移动、备份、复制等技术；开发大数据可视化技术。

开发新型数据库技术，数据库分为关系型数据库、非关系型数据库及数据库缓存系统。其中，非关系型数据库主要指的是 NoSQL 数据库，分为键值数据库、列存数据库、图存数据库以及文档数据库等类型。关系型数据库包含了传统关系数据库系统以及 NewSQL 数据库。

开发大数据安全技术，改进数据销毁、透明加解密、分布式访问控制、数据审计等技术；突破隐私保护和推理控制、数据真伪识别和取证、数据持有完整性验证等技术。

4. 大数据分析及挖掘技术

大数据分析技术：改进已有数据挖掘和机器学习技术；开发数据网络挖掘、特异群组挖掘、图挖掘等新型数据挖掘技术；突破基于对象的数据连接、相似性连接等大数据融合技术；突破用户兴趣分析、网络行为分析、情感语义分析等面向领域的大数据挖掘技术。

数据挖掘就是从大量的、不完全的、有噪声的、模糊的、随机的实际应用数据中，提取隐含在其中的、人们事先不知道的，但又是潜在有用的信息和知识的过程。

数据挖掘涉及的技术方法很多，有多种分类法。根据挖掘任务可分为分类或预测模型发现、数据总结、聚类、关联规则发现、序列模式发现、依赖关系或依赖模型发现、异常和趋势发现等等；根据挖掘对象可分为关系数据库、面向对象数据库、空间数据库、时态数据库、文本数据源、多媒体数据库、异质数据库、遗产数据库以及环球网 Web；根据挖掘方法可粗分为机器学习方法、统计方法、神经网络方法和数据库方法。

机器学习中，可细分为归纳学习方法（决策树、规则归纳等）、基于范例学习、遗传算法等。统计方法中，可细分为回归分析（多元回归、自回归等）、判别分析（贝叶斯判别、费歇尔判别、非参数判别等）、聚类分析（系统聚类、动态聚类等）、探索性分析（主元分析法、相关分析法等）等。神经网络方法中，可细分为前向神经网络（BP 算法等）、自组织神经网络（自组织特征映射、竞争学习等）等。数据库方法主要是多维数据分析或OLAP 方法，另外还有面向属性的归纳方法。

# 第二节　遥感图像处理技术及处理系统

## 一、遥感图像处理

### 1. 遥感技术的概述

遥感有广义和狭义之分，广义的遥感指的是一切无接触的远距离探测；狭义的遥感是通过使用探测仪器，不与探测目标接触，把探测目标的电磁波特性记录下来，再进行分析，得出探测物体的特征性质和变化情况的一种综合性探测技术。

现阶段遥感技术最普遍的应用手段就是动态监测。动态监测是图像形成的直接来源，从技术层面上来讲，动态遥感技术有以下几个步骤，分别是数据选择、数据处理、信息变化获取、精度校检和评定。

从具体操作来讲，动态遥感获取的信息必须是连续的，只有连续的信息才能保证组成图片的信息的全面和精确。然而信息是变化的，所以对信息的采集就必须是对变化信息的采集。这样就必须在一段固定的时间内，对采集目标进行变化的信息采集，着力于所采集资料在量上的变化。在测绘领域内动态监测是十分重要的应用，主要是通过对不同的监测时间内所采集信息在量上的变化，来分析预测采集目标的变化规律。为了保证所采集信息是可靠的，就要对采集数据的精度进行严格的控制，信息的精度的控制可以通过与其他资料进行对比来实现。如果需要的采集精度十分严格，则需要使用地理信息系统等一系列卫星影像采集的分辨率较高的图片来进行补充。

### 2. 遥感影像数字图像处理的主要内容

（1）图像恢复：校正在成像、记录、传输或回放过程中引入的数据错误、噪声与畸变，包括辐射校正、几何校正等。

（2）数据压缩：以改进传输、存储和处理数据效率。

（3）影像增强：突出数据的某些特征，以提高影像目视质量，包括彩色增强、反差增强、边缘增强、密度分割、比值运算、去模糊等。

（4）信息提取：从经过增强处理的影像中提取有用的遥感信息，包括采用各种统计分析、集群分析、频谱分析等自动识别与分类。通常利用专用数字图像处理系统来实现，且依据目的不同采用不同算法和技术。

3. 光学处理

遥感图像的光学处理包括一般的照相处理、光学的几何纠正、分层叠加曝光、相关掩模处理、假彩色合成、电子灰度分割和物理光学处理等。光学处理有时也称为模拟处理。数字处理是指用计算机图像分析处理系统进行的遥感图像处理。遥感图像的数字处理往往与多光谱扫描仪和专题制图仪图像数据的应用联系在一起。数字处理方式灵活、重复性好、处理速度快，可以得到高像质和高几何精度的图像，容易满足特殊的应用要求，因而得到广泛的应用。

4. 图像矫正

遥感卫星的多光谱扫描仪每次扫描有6个光—电转换器件平行工作，专题制图仪每次扫描有16个光电器件平行工作。因此，一次扫描可得到6行或16行图像数据。由于各个光—电转换器件的特性差异和电路漂移，图像中各像元（像素）的灰度值不能正确反映地物反射的电磁波强度，并且图像上还会出现条纹。因此，需要对原始图像数据的像元灰度值进行校正，这种校正称为辐射校正。在多光谱扫描仪中，辐射校正是通过对各个敏感元件的增益和漂移进行校正来达到的。多光谱扫描仪和专题制图仪的图像存在一系列几何畸变。

这是因为它们不是瞬间扫描而是用连续扫描的方法取得图像数据的。由于卫星的运动，扫描行并不垂直于运动轨迹方向，在扫描一幅图像的时间内地球自转一个角度而使图像扭歪。在给定视场角下，扫描行两侧的像元对应的地面面积比中间的大，地球的曲率更加大了这一误差。卫星的姿态变动和扫描速度不匀也使图像产生畸变。因此必须对图像进行几何纠正。根据已知的仪器参数及遥测的卫星轨道和姿态参数进行图像的几何纠正，称为系统纠正。需要用卫星图像制图时，系统纠正后的几何精度仍不能满足要求，则需要用地面控制点来进行图像的几何精纠正。若图像的几何误差分布是平面的、二次或三次曲面的，就可以用相应次数的多项式来纠正。经过精纠正，图像的几何精度可达到均方误差在半个像元以内。

卫星遥感图像的辐射校正和几何纠正有时称为卫星图像预处理。遥感卫星地面站通常可以向用户提供经过预处理的图像数据或图片。也有很多用户，宁愿使用原始的磁带数据根据自己的应用要求进行处理。

5. 处理方法

（1）图像整饰处理

图像整饰处理是提高遥感图像的像质以利于分析解译应用的处理方法。灰度增强、边缘增强和图像的复原都属于图像的整饰处理。

（2）空间域处理

空间域处理是将卫星图像的像元用 256 个灰度等级来表示，但地物反射的电磁波强度常常只占 256 个等级中的很小一部分，使得图像平淡而难以对其解释，天气阴霾时更是如此。为了使图像能显示出丰富的层次，必须充分利用灰度等级范围，这种处理称为图像的灰度增强。

常用的灰度增强方法有线性增强、分段线性增强、等概率分布增强、对数增强、指数增强和自适应灰度增强 6 种：

1）线性增强：把像元的灰度值线性地扩展到指定的最小和最大灰度值之间；

2）分段线性增强：把像元的灰度值分成几个区间，每一区间的灰度值线性地变换到另一指定的灰度区间；

3）等概率分布增强：使像元灰度的概率分布函数接近直线的变换；

4）对数增强：扩展灰度值小的像元的灰度范围，压缩灰度值大的像元的灰度范围；

5）指数增强：扩展灰度值大的和压缩灰度值小的像元的灰度范围；

6）自适应灰度增强：根据图像的局部灰度分布情况进行灰度增强，使图像的每一部分都能有尽可能丰富的层次。

（3）图像卷积

图像卷积是一种重要的图像处理方法，其基本原理是：像元的灰度值等于以此像元为中心的若干个像元的灰度值分别乘以特定的系数后相加的平均值。由这些系数排列成的矩阵叫卷积核。选用不同的卷积核进行图像卷积，可以取得各种处理效果。例如，除去图像上的噪声斑点使图像显得更为平滑；增强图像上景物的边缘以使图像锐化；提取图像上景物的边缘或特定方向的边缘等。常用的卷积核为 3×3 或 5×5 的系数矩阵，有时也使用 7×7 或更大的卷积核以得到更好的处理效果，但计算时间与卷积核行列数的乘积成正比的增加。

图像的灰度增强和卷积都是直接对图像的灰度值进行处理，有时称为图像的空间域处理。

（4）空间频率域处理

在数字信号处理中常用离散的傅里叶变换，把信号转换成不同幅度和相位的频率分量，经滤波后再用傅里叶反变换恢复成信号，以提高信号的质量。图像是二维信息，可以用二维的离散傅里叶变换把图像的灰度分布转换成空间频率分量。图像灰度变化剧烈的部分对应于高的空间频率，变化缓慢的部分对应于低的空间频率。滤去部分高频分量可消除图像上的斑点条纹而显得较为平滑，增强高频分量可突出景物的细节而使图像锐化，滤去部分低频分量可使图像上被成片阴影覆盖的部分的细节更清晰地显现出来。精心设计的滤波器能有效地提高图像的质量。经傅里叶变换、滤波和反变换以提高图像质量的处理，有时称为图像的空间频率域处理。

6. 图像复原

理想的遥感图像应当能真实地反映地物电磁波反射强度的空间分布，但实际上存在着各种使图像质量下降（退化）的因素。对于卫星多光谱扫描仪图像，大气对电磁波的散射和绕射、遥感器光学系统的不完善、像元面积非无穷小，以及信号在电路中的失真和数字化采样过程，都会造成图像的退化。如果已知造成图像退化的数学模型，便可用计算机进行数字处理以消除退化因素的影响，使图像尽可能接近理想，这种处理称为图像复原。在几何纠正再采样过程中，同时进行图像的复原处理可以使图像的分辨率显著提高。

7. 算术运算

图像的算术运算是另一种灰度增强方法。图像的相加和相乘，常被用于几种遥感图像的复合。同一地点不同时期的两张图像配准后相减，可以突出地物发生的变化。不同谱段的两幅多光谱图像相除称为比值图像，它可用于消除图像上的阴影部分，加深不同类别地物的差别。

图像配准、投影变换和镶嵌：在多种遥感图像复合使用时，应当使同一地物在各图像上处于同一位置，这称为图像配准。图像配准与几何精纠正有相似的含义。前者指遥感图像间的配准，而后者是遥感图像与地形图间的配准。当两幅图像较接近时可以用计算机进行自动配准。

用遥感数据进行专题制图时，需要和地形图配准才能知道地物的确切位置。当比例尺较小时，各种投影的几何形状差别较大，通常先按地图投影的几何表达式进行遥感图像的投影变换，然后再进行几何精纠正，以保证精度。

由于地图的分幅与遥感图像的分幅不同，当两者配准时总会遇到一幅地图包含两幅以至四幅遥感图像的情况。这时需要把几幅图像拼接在一起，这称为图像镶嵌。由于这些图像可能是在不同日期经过不同处理后得到的，简单的拼接往往能看出明显的色调差别。为了得到色调统一的镶嵌图，要先进行各波段图像的灰度匹配。例如，根据图像重叠部分具有相同的灰度平均值和方差的原则调整各图像的灰度值，以及利用自然界线（如河流、山脊等）作为拼接在边界而不是简单的矩形镶嵌。这样可使镶嵌图无明显的接缝。

8. 分析分类

在遥感图像的实际使用中，常常需要从大量图像数据中提取特定用途的信息，这称为特征提取，常常还需要进行分类和类聚处理，以此识别地物类型。

（1）主成分分析法

多光谱图像数据包含多个波段，数据量较大，当复合使用时数据量更大，往往难以直接使用。实际上各波段图像之间虽有差别，但也存在一定的相关关系。例如，明亮的物体反射的电磁波强度在各波段上虽有差别，但都比阴暗的物体反射的电磁波强度大。主成分分析法是用各波段图像数据的协方差矩阵的特征矩阵进行多波段图像数据的变换，以消除它们之间的相关关系。把大部分信息集中在第一主成分，部分信息集中在第二主成分，少量信息保留在第三主成分和以后各成分的图像上。因此，前面几个主成分就包含了绝大部分信息。主成分分析法有时称为 K-L 变换。信息过分集中的主成分图像往往并不一定有利于分析应用。用计算机分类时，多光谱图像数据的波段数目越多，计算量就越大。对指定类别的分类常用各类别样区间的分离度作为指标，从已有波段中选取最佳的几个波段组合来进行分类。以尽可能少的波段来获得尽可能好的分类效果，这是另一种特征提取方法。在农、林等遥感应用中，还可通过各波段图像间的算术运算或矩阵变换来得到能反映植物长势和变异的信息。多光谱图像数据的计算机分类，通常是建立在不同地物在各波段反射的电磁波强度差别的基础上的。若以各波段接收到的电磁波强度为坐标，则 n 个波段可形成 n 维波谱空间。各波段上同一像元对应于 N 维空间的一个点，而同类地物可形成一个点集。计算机分类的基本原理在于把波谱空间中的点集区分开来，最常用的分类方法有监督分类法和无监督分类法两种。

（2）监督分类法

根据已知地物、选择各类别的训练区。计算各训练区内像元的平均灰度值，以此作为类别中心并计算其协方差矩阵。对于图像各未知像元，则计算它们和各类别中心的距离。当离开某类别中心的距离最近并且不超过预先给定的距离值时，此像元即被归入这一类别。当距离超过给定值时，此像元归入未知类别，最大似然率法是常用的监督分类法。

（3）无监督分类法

根据各波段图像像元灰度分布的统计量，设定 N 个均值平均分布的类别中心。计算每个像元离开各类别中心的距离，并把它归入距离最近的一类。所有像元经计算归类后算出新的类别中心，然后再计算各个像元离开新类别中心的距离，并把它们分别归入离开新类别中心最近的一类。所有像元都重新计算归类完毕后，又产生新的类别中心。这样迭代若干次，直到前后两次得到的类别中心之间的距离小于给定值为止。

（4）纹理分析法

根据像元在波谱空间的位置来分类，但不考虑地物在图像上的形状。纹理分析法是根据周围各像元的分布确定这个像元类别的一种方法。它也是一种较实用的分类方法。遥感图像的一个像元中，往往包含多种地物，不同的地物也可能有相近的波谱特性。加上各种噪声，使计算机分类的准确度受到一定的限制。除研制和改进遥感器和分类方法外，使用多时相和多种遥感数据并与有关的数据库相互配合，可有效地提高分类的准确度。

9. 优点介绍

（1）再现性好。数字图像处理与模拟图像处理（光学处理）的根本不同在于，它不会因图像的存储、传输或复制等一系列变换操作而导致图像质量的退化。只要图像在数字化时准确地表现了原稿，则数字图像处理过程始终能保持图像的再现。

（2）处理精度高。几乎可将一幅模拟图像数字化为任意大小的二维数组，这主要取决于图像数字化设备的能力。现代扫描仪可以把每个像素的灰度等级量化为 16 位甚至更高，这意味着图像的数字化精度可以达到满足任一应用需求。对计算机而言，不论数组大小，也不论每个像素的位数多少，其处理程序几乎是一样的。换言之，从原理上讲不论图像的精度有多高，处理总是能实现的，只要在处理时改变程序中的数组参数就可以了。回想一下图像的模拟处理，为了把处理精度提高一个数量级，就要大幅度地改进处理装置，这在经济上是极不合算的。

（3）适用面宽。图像可以来自多种信息源，它们可以是可见光图像，也可以是不可见的波谱图像（例如 X 射线图像、射线图像、超声波图像或红外图像等）。从图像反映的客观实体尺度看，可以小到电子显微镜图像，也可以大到航空照片、遥感图像甚至天文望远镜图像。这些来自不同信息源的图像被变换为数字编码形式后，均是用二维数组表示的灰度图像（彩色图像也是由灰度图像组合成的，例如 RGB 图像由红、绿、蓝三个灰度图像组合而成）组合而成，因而均可用计算机来处理。即只要针对不同的图像信息源，采取相应的图像信息采集措施，图像的数字处理方法适用于任何一种图像。

（4）灵活性高。图像处理大体上可分为图像的像质改善、图像分析和图像重建三大部分，每一部分均包含丰富的内容。由于图像的光学处理从原理上讲只能进行线性运算，这极大地限制了光学图像处理能实现的目标。而数字图像处理不仅能完成线性运算，而且能实现非线性处理，即凡是可以用数学公式或逻辑关系来表达的一切运算均可用数字图像处理实现。

## 二、通用遥感图像处理系统

1. 遥感图像处理系统 GeoImager

GeoImager 是在国家 863 计划支持下，由武汉吉奥信息工程有限公司、武汉大学和中国地质大学联合组织开发的具有自主知识产权的遥感数据处理平台。该系统除具有常规的遥感图像处理功能之外，还具有高光谱数据处理、遥感影像融合、雷达数据处理、基于卫星遥感影像的 DEM 生成等功能。其中的基于卫星遥感影像的 DEM 生成模块主要针对 SPOT、IKONOS 以及资源二号卫星等具有立体成像的光学卫星遥感影像，提供高速、高效的自动匹配算法，可按照我国空间数据交换标准格式生成 DEM 数据。GeoImager 以先进的图像处理技术、友好的用户界面和灵活的操作方式服务于测绘、电力、林业、规划、国土资源调查等遥感及相关应用领域。GeoImager 3.0 是国内唯一通过国家测绘局 1：5 万 DOM 生产软件工具测试的系统，GeoImager 5.0 全新稳健的底层平台已用于多个遥感应用系统，同时作为一个完整的遥感图像处理系统应用于教学。目前主要作为遥感工程应用的基础软件，开展遥感工程化应用。先后在国土资源部第一次资源大调查、我国自主发射卫星的地面预处理系统以及我军有关遥感应用单位进行了大规模的工程化应用，都取得了良好的经济效益。

### 2.遥感图像处理系统 ImageInfo

ImageInfo 系统是由中国测绘科学研究院研制开发的一套具有自主知识产权的定量化、智能化遥感数据处理软件，目前已经发展到了第三个版本，即 ImageInfo 3.0。ImageInfo 系统将遥感图像处理功能分成基本图像处理、高级图像处理和专业图像处理三个不同的专业应用层次。ImageInfo 系统支持遥感影像、GIS 数据以及 GPS 定位信息的导入与处理，设计了从遥感图像处理分析到高级智能化信息解译等一系列功能，能够显示、分析并处理多光谱、雷达以及高光谱数据，提供了遥感影像分析处理、遥感数据产品生产的可视化集成环境。

ImageInfo 系统可应用于农业、林业、测绘、地质调查、城市规划、资源环境调查、灾害监测等遥感应用部门，如用于数据生产、制作数字栅格图、数字正射影像图和专题图，用于基础地理数据更新、土地利用动态遥感监测、土地利用基础图件数据更新等。

# 第三节　激光雷达及其数据处理系统

## 一、激光雷达

### （一）定义

激光雷达是以发射激光束探测目标的位置、速度等特征量的雷达系统。从工作原理上讲，与微波雷达没有根本的区别：向目标发射探测信号（激光束），然后将接收到的从目标反射回来的信号（目标回波）与发射信号进行比较，做适当处理后，就可获得目标的有关信息，如目标距离、方位、高度、速度、姿态，甚至形状等参数，从而对飞机、导弹等目标进行探测、跟踪和识别。

激光雷达 LiDAR( Light Detection and Ranging ) 是激光探测及测距系统的简称，另外也称作 Laser Radar 或 LADAR( Laser Detection and Ranging )，是用激光器作为发射光源，采用光电探测技术手段的主动遥感设备。激光雷达是激光技术与现代光电探测技术结合的先进探测方式。由发射系统、接收系统、信息处理等部分组成。发射系统是各种形式的激光器，如二氧化碳激光器、掺钕钇铝石榴石激光器、半导体激光器及波长可调谐的固体激光器以及光学扩束单元等组成；接收系统则采用望远镜和各种形式的光电探测器，如光电倍增管、半导体光电二极管、雪崩光电二极管、红外和可见光多元探测器件等组合。激光雷达采用脉冲或连续波两种工作方式，探测方法按照探测的原理不同可以分为米散射、瑞利散射、拉曼散射、布里渊散射、荧光、多普勒等激光雷达。

### （二）军事用途

激光扫描方法不仅是军内获取三维地理信息的主要途径，而且通过该途径获取的数据成果也被广泛应用于资源勘探、城市规划、农业开发、水利工程、土地利用、环境监测、交通通讯、防震减灾及国家重点建设项目等各方面，为国民经济、社会发展和科学研究提供了极为重要的原始资料，并取得了显著的经济效益，展示出良好的应用前景。低机载LIDAR 地面三维数据获取方法与传统的测量方法相比，具有生产数据外业成本低及后处理成本的优点。目前，广大用户急需低成本、高密集、快速度、高精度的数字高程数据或数字表面数据，机载 LIDAR 技术正好满足这个需求，因而它也成为各种测量应用中深受欢迎的一种高新技术。

快速获取高精度的数字高程数据或数字表面数据是机载 LIDAR 技术在许多领域广泛应用的前提，因此，开展机载 LIDAR 数据精度的研究具有非常重要的理论价值和现实意义。在这一背景下，国内外学者对提高机载 LIDAR 数据精度做了大量研究。

由于飞行作业是激光雷达航测成图的第一道工序，它为后续内业数据处理提供直接起算数据。按照测量误差原理和制定"规范"的基本原则，都要求前一工序的成果所包含的误差，对后一工序的影响应为最小。因此，通过研究机载激光雷达作业流程，优化设计作业方案来提高数据质量，是非常有意义的。

### （三）激光雷达的优、缺点

1.激光雷达的特点

与普通微波雷达相比，激光雷达由于使用的是激光束，工作频率较微波高了许多，因此带来了很多特点。

（1）分辨率高

激光雷达可以获得极高的角度、距离和速度分辨率。通常角分辨率不低于 0.1mard 也就是说可以分辨 3km 距离上相距 0.3m 的两个目标（这是微波雷达无论如何也办不到的），并可同时跟踪多个目标；距离分辨率可达 0.1m；速度分辨率能达到 10m/s 以内。距离和速度分辨率高，意味着可以利用距离—多普勒成像技术来获得目标的清晰图像。分辨率高，是激光雷达的最显著的一大优点，其多数应用都是基于此。

（2）隐蔽性好、抗有源干扰能力强

激光直线传播、方向性好、光束非常窄，只有在其传播路径上才能接收到，因此敌方截获非常困难，且激光雷达的发射系统（发射望远镜）口径很小，可接收区域窄，有意发射的激光干扰信号进入接收机的概率极低；另外，与微波雷达易受自然界广泛存在的电磁波影响的情况不同，自然界中能对激光雷达起干扰作用的信号源不多，因此激光雷达抗有源干扰的能力很强，适于工作在日益复杂和激烈的信息战环境中。

（3）低空探测性能好

微波雷达由于存在各种地物回波的影响，低空存在有一定区域的盲区（无法探测的区域）。而对于激光雷达来说，只有被照射的目标才会产生反射，完全不存在地物回波的影响，因此可以"零高度"工作，低空探测性能较微波雷达强了许多。

（4）体积小、质量轻

通常普通微波雷达的体积庞大，整套系统质量数以吨记，光天线口径就达几米甚至几十米。而激光雷达就要轻便、灵巧得多，发射望远镜的口径一般只有厘米级，整套系统的质量最小的只有几十公斤，架设、拆收都很简便。而且激光雷达的结构相对简单，维修方便、操纵容易、价格也较低。

2. 激光雷达的缺点

首先，工作时受天气和大气影响大。激光一般在晴朗的天气里衰减较小，传播距离较远。而在大雨、浓烟、浓雾等坏天气里，衰减急剧加大，传播距离大受影响。另外，大气环流还会使激光光束发生畸变、抖动，直接会影响激光雷达的测量精度。

其次，由于激光雷达的波束极窄，在空间搜索目标非常困难，直接影响对非合作目标的截获概率和探测效率，只能在较小的范围内搜索、捕获目标，因而激光雷达较少单独直接应用于战场进行目标探测和搜索。

## （四）激光雷达的应用

1. 直升机障碍物规避激光雷达

目前，激光雷达在低空飞行直升机障碍物规避、化学/生物战剂探测和水下目标探测等方面已进入实用阶段，其他军事应用研究亦日趋成熟。

直升机在进行低空巡逻飞行时，极易与地面小山或建筑物相撞。为此，研制能规避地面障碍物的直升机机载雷达是人们梦寐以求的愿望。目前，这种雷达已在美国、德国和法国获得了成功。

美国研制的直升机超低空飞行障碍规避系统，使用固体激光二极管发射机和旋转全息扫描器可检测直升机前很宽的空域，地面障碍物信息就会实时显示在机载平视显示器或头盔显示器上，为安全飞行起了很大的保障作用。

法国达索电子公司和英国马可尼公司联合研制的吊舱载 CLARA 激光雷达具有多种功能，采用 $CO_2$ 激光器。不但能探测标杆和电缆之类的障碍，还具有地形跟踪、目标测距和指示、活动目标指示等功能，适用于飞机和直升机。

2. 化学战剂探测激光雷达

传统的化学战剂探测装置由士兵肩负，一边探测一边前进，探测速度慢，且士兵容易中毒。

俄罗斯研制成功的 KDKhr—1N 远距离地面激光毒气报警系统，可以实时远距离探测化学毒剂攻击，确定毒剂气溶胶云的斜距、中心厚度、离地高度、中心角坐标以及毒剂相关参数，并可通过无线电通道或有线线路向部队自动控制系统发出报警信号，比传统探测前进了一大步。

德国研制成功的 VTB—1 型遥测化学战剂传感器技术更加先进，它使用两台 9~11 微米、可在 40 个频率上调节的连续波 $CO_2$ 激光器，利用微分吸收光谱学原理遥测化学战剂，既安全又准确。

3. 机载海洋激光雷达

传统的水中目标探测装置是声呐。根据声波的发射和接收方式，声呐可分为主动式和被动式，可对水中目标进行警戒、搜索、定性和跟踪。但它体积很大，重量一般在 600 公斤以上，有的甚至达几十吨重。而激光雷达是利用机载蓝绿激光器发射和接收设备，通过发射大功率窄脉冲激光，探测海面下目标并进行分类，既简便精度又高。

迄今为止，机载海洋激光雷达已发展了三代产品。20 世纪 90 年代研制成功的第三代系统以第二代系统为基础，增加了 GPS 定位和定高功能，系统与自动导航仪接口，实现了航线和高度的自动控制。

4. 成像激光雷达可水下探物

美国诺斯罗普公司为美国国防高级研究计划局研制的 ALARMS 机载水雷探测系统，具有自动、实时检测功能和三维定位能力，定位分辨率高，可以 24 小时不间断工作，采用卵形扫描方式探测水下可疑目标。

美国卡曼航天公司研制成功的机载水下成像激光雷达，最大特点是可对水下目标成像。由于成像激光雷达的每个激光脉冲覆盖面积大，因此其搜索效率远远高于非成像激光雷达。另外，成像激光雷达可以显示水下目标的形状等特征，更加便于识别目标，这已是成像激光雷达的一大优势。

5. 激光雷达在无人汽车领域的应用

（1）激光雷达的应用方向

激光雷达测量工作进行中，能够充分有效探测出相应的信息和数据，构建起较为完整的三维数据体系，并加以良好显示。将激光雷达积极应用在无人汽车领域中，将能够起到良好的效果。当前很多高级驾驶辅助系统的量产车中，配置上良好的雷达技术，在推进汽车驾驶活动安全稳定开展方面具有积极作用。而无人驾驶系统中，对于安全性、精度性等多方面要求较高，需要保证检测的可靠性和高精度性，简单的雷达技术无法满足无人驾驶领域的发展需求。激光雷达作为检测精度更高的现代化传感技术，对于无人汽车领域的总体发展具有积极意义。在激光雷达实际应用的过程，充分使用了接收装置、激光发射和透镜构件，借助于飞行时间原理，获取到目标物体的各项特征数据，包含位置、移动速度、距离，并将其传输到数据处理器之中。数据处理器能够开展切实有效的处理活动，发布相应的指令，如主动控制指令、被动警告指令，发挥优良的辅助驾驶功能，便于无人驾驶汽车的正常运行。

（2）激光雷达的发展趋势

1）国内企业加速追赶，目标产品逐步成型

国内与国外比起来，在多线激光雷达上还有较大差距，但是应用于服务机器人、扫地机器人的激光雷达并没有太大差别。国内的激光雷达产品多用于服务机器人、地形测绘、建筑测量等领域，尚未研制出可用于 ADAS 及无人驾驶系统的 3D 激光雷达产品。不过，随着智能汽车的浪潮从国外涌向国内，以镭神智能等为代表的多家国内企业也开始尝试进入车用激光雷达这个新兴行业。

2）低成本化时代来临，路径选择求同存异

目前，应用于智能汽车的车用激光雷达尚未步入大规模量产阶段。除了技术、法律等因素外，高昂的价格也是阻止车用激光雷达市场化的障碍之一。以谷歌无人驾驶汽车为例，其使用的激光雷达就是 Velodyne 公司研制生产的 64 线束激光雷达，价格至少为 50 万元人民币。而 Velodyne 公司认为，车用激光雷达价格至少下降到 1 万元人民币以下，才有望实现大规模应用。因此，低成本化是车用激光雷达未来发展的基本方向。目前行业有三种方式来降低整个激光雷达的成本与价格：①降维，即使用低线束低成本激光雷达配合其他传感器；②用全固态激光雷达代替机械激光雷达；③通过规模效益降低激光雷达的单个成本。

激光雷达技术属于先进的光学遥感技术，充分结合了传统雷达技术和现代激光技术的优势，该项技术充分利用相位、振幅的载体作用，能够快速实现三维位置定位目标，精确测量速度，且具有较强的抗干扰能力。激光雷达在无人汽车领域发展过程中具有积极意义，能够很好地提升无人驾驶汽车的检测精度，扩展较大的检测范围，保障无人驾驶汽车运行的安全性和可靠性。

6.激光雷达技术在林业上的应用

自然界的所有结构中没有比森林更大、更复杂的结构了，森林拥有着自然界中的很多资源，这些自然资源包括碳水化合物和森林植被所需的所有营养。不管人类发展到什么程度，森林结构都不可能会被其他结构所替代，因为只有保证森林结构完整，才能保证自然界的生态平衡。在通常情况下，要想更好地保证生态平衡，就必须要对森林的很多参数进行测量和分析，但是运用普通的参数测量方法就只能够获得一些简单的数据，这些数据在对大片森林的研究上并不能发挥太大作用。因此，要想获得大片森林的区域数据，就必须运用远程传感器来实现。另外，激光技术可以说是一种新的探测技术，它的能力非常强。激光技术不仅可以帮助科研人员获得所需研究物体或者结构的高度信息，而且可以给出精准的数据信息。正因为如此，在军事研究领域激光技术也不可或缺。

林业研究领域的很多数据都是靠激光测量出来的，这些数据小到森林中一棵树的枝干结构信息，大到一个森林的整体结构信息。由此可见激光技术对林业研究的重要性。另外，雷达激光系统不仅受到国内多数研究领域的欢迎，而且在国外也广受商业企业的欢迎。

虽然雷达可以在特定的时间内记录信息，但是对于信号边界的信息可能没有办法完整记录。要想解决这个问题就必须要运用技术来穿越激光的边界，虽然在穿越激光边界的过程中会遇到各种各样的问题，但是通过这种方法却可以有效地获得信号边界信息。

其他的传感器之所以不能向雷达一样在研究领域广受欢迎，其主要原因在于它们不能准确测量出森林高度信息的优势，不能像雷达一样有效地帮助林业工作人员解决测量问题。更重要的是雷达可以覆盖所有的数据信息，并且能够全面地对测量到的信息进行统计，这也是很多传感器不具备的技术。通过对其他传感器的研究可以发现，其他的传感器在其应用程序方面也有不错的应用，另外，远程遥感技术在林业资源测量上很受研究人员的欢迎。更重要的是，激光雷达技术可以满足研究人员的需求，准确地测量出研究人员所需要的所有数据信息，即使是在热带雨林环境下也可以正常工作。激光雷达技术测量出来的数据在很大程度上也给森林管理员提供了管理依据，这些数据对森林管理员而言是非常有效的信息参数，它的意义不仅在于方便林业管理，更在于保护了自然界的生态平衡。

虽然说激光雷达技术在林业领域发挥着不可替代的作用，但是激光雷达技术也有它的局限性。激光雷达技术之所以能够将数据信息分析得准确无误，是因为这种技术在数据分析上下了很大成本。虽然说以后激光雷达技术的作用成本会慢慢降低，但这是需要时间的。现在很多的领域在运用激光雷达技术时，都会遇到脉冲重复率高的问题，世界上一些国家因为其生产价格昂贵的缘故，都选择不进口这种设备。只有极少数发达国家有资本在一些企业里实现这种设备的系统化运作。凡是要用激光雷达技术进行数据测量的工作，对数据精度的要求都是非常高的，这也是测量工作的困难所在。

# 二、地籍激光雷达

随着激光雷达技术的快速发展，雷达技术的用途越来越广泛，而对于地籍测量方面的工作也越来越依靠雷达技术。雷达技术相对于传统的测量工具而言可以直接获得三维信息，大量的数据和精确的数据处理方法是目前其他测量工具不可匹敌的，并且缩短了数据与信息转换的过程。

## （一）激光雷达技术原理

### 1.激光测距的原理

激光测距原理主要是通过激光发射器发射激光束，并由接收器接收到回波，根据发射到接受之间的时间而测量两者之间距离。

### 2.激光雷达的工作原理

激光雷达的工作原理主要如下：雷达通过发射器向目标 P 发射光束，接收器接到 P 点漫反射信号，并且由控制处理编码器来测定接收信号的横向角度 $\alpha$ 和纵向角度 $\beta$。

## （二）激光云数据的处理

地籍调查中对雷达云数据的处理流程主要包括雷达外业数据采集、三维模型数据处理、形成地籍调查底图、权属调查、形成地籍数据库，以下对激光雷达云数据的处理方法进行研究。

### 1.点云数据预处理

在获得点云数据之后，必须对不同站点扫描数据进行整平、降噪、分类、拼接等预处理工作，对于部分不合适点云数据进行重新补扫工作。

（1）数据整平工作。由于扫描时不同站点之间或者扫描时震动造成的仪器倾斜会导致点云数据出现倾斜，需要通过整平工作避免数据拼接造成累计误差。

（2）数据去噪工作。采集数据时会受到当地环境及系统设备因素影响导致不同噪点，利用 POSPacMMS 噪点的云反射率、振幅、RGB 等特性来对点云数据的噪点去除，为后期数据处理提供高精度、高准确度的数据。

（3）数据拼接工作。拼接工作属于数据处理的重点工作，粗略拼接的相对方式是以点云数据中的一个坐标系作为整个点云数据的基准坐标，将其余的点云数据换算到该基准坐标上；点云数据进行粗略拼接完成之后仍然会发现各个站点之间的连接会存在细微差异，这就需要通过对点云数据进行精细拼接，可以通过 POSPacMMS 软件进行多站调整功能，通过迭代最临近点法实现各站点云数据的无缝拼接。

2. 点云数据处理

通过 TerraScan 软件对点云数据进行处理，通过 TerraModeler 提取 DEM 和 DSM。通过 TerraScan 滤波处理后得到的精确数据，将其地面点确定后，通过提取 DEM 和等高线，并根据不同工作要求，采取不同间隔的三角网 DEM 或格网 DEM，格式可以是＊.txt、＊.tif、＊.asc 等。

3. 正射影像制作

通过 POSPacMMS 软件，利用 inpho 摄影测量系统从精确影像外方位元素的数据进行正射纠正、正射影像匀色、无缝镶嵌等工作。而后可将影像外方位元素通过 ApplicationMaster 进行像素大小、镜头畸变等操作处理，使其满足 OrhoMaster 模块进行三次卷积法正射纠正的条件，通过该模块的匀色处理功能可以将正射影像进行大面积范围的镶嵌。最后对得到的正射影像进行自动羽化和匀色功能处理，得到最终的无缝平衡影像。

## 三、星载激光雷达技术

激光雷达观测网的建立，可以获得一些地区大气气溶胶、云、臭氧、水汽与其他大气成分四维分布信息，但这些激光雷达基本集中在北半球大陆区域的一些小范围里，探测资料所能代表的地域仍然有限；而且在激光雷达探测数据和处理方法的一致性和可比性上尚有很多问题需要解决。由于大气气溶胶、云、臭氧、水汽与其他大气成分的时空分布十分复杂，具有很强的地域性，人们不可能在全球范围内建立密集的激光雷达观测网，而且在诸如大洋深处、高山及荒无人烟的沙漠地带根本无法建立激光雷达。而星载激光雷达可以弥补激光雷达观测网的不足，获得全球范围内大气气溶胶、云、臭氧、水汽与其他大气成分的四维时空分布信息。

1994 年美国 NASA 的航天飞机"发现号"运载激光雷达上天，这是世界上第一次开展 LITE，开辟了激光雷达大气探测的新纪元。虽然它只采集了 45h 的对地观测数据，但得到了令人满意的观测结果，证明了空间激光雷达在研究气溶胶和云方面的潜力；接下来，美国于 2003 年发射了云陆地高程式卫星，上面搭载的 GLAS 是世界上第一台星载激光雷达。主要任务是测量极地的冰盖高度，云和气溶胶的垂直结构和空间分布，ICESat 卫星计划服役截止时间是 2009 年。根据计划 NASA 于 2018 年发射第二颗 ICESat 卫星，即 ICESat Ⅱ。作为 ICESat 的后续卫星，ICESat Ⅱ 继续测量和监测不断变化的环境的影响，ICESat Ⅱ 只运载一台仪器：激光雷达系统。

# 第四节　无人机测绘数据处理关键技术及应用研究

无人机测绘技术是结合了计算机以及可视化的技术，在现代技术中无人机测绘技术属于新兴的技术。使用无人机测绘技术需要机器设备等具有较高的灵敏性，并且设备需要有良好的性能。无人机测绘技术和传统测绘技术不同的是，传统的测绘技术主要是通过肉眼进行测量，往往会出现偏差，而且很容易会因为工作量的问题产生失误。但是使用无人机进行测绘，可以更加精细化地进行测量，以减少误差的发生。所以，提升无人机测绘技术，在测绘工作中也可以起到很大的作用。

随着科学技术的不断发展，无人机测绘技术在测绘的过程中也得到了广泛的应用。选择无人机的方式来进行测绘和动态的观察可以更好地保证取得良好的效果。

## 一、无人机测绘技术的概述

无人机主要是通过无线电遥控设备进行控制，同时还配备程序控制装置，系统主要包括导航系统、飞行控制系统、数据传输系统及动力控制系统等。目前，无人机主要有三类，即无人直升机、多旋翼无人机以及固定翼无人机。在测绘行业，主要应用的无人机是后两类，即多旋翼无人机和固定翼无人机。无人机测绘技术是一种集可视化技术和计算机技术为一体的新兴技术，是现代科技进步的体现，具有效率高、灵活性强以及准确度高等优势，所以被广泛应用于各个领域中。在测绘领域中，应用无人机是重大的进步。为促进无人机测绘技术更好地应用于测绘行业，对现有无人机测绘数据处理关键技术以及应用进行总结具有重要的意义。

## 二、测绘技术及发展

测绘无人机作为重要的测绘平台，堪称测绘信息采集的利器，在地理数据获取方面具有非常明显的优势。测绘无人机能够克服客观环境限制，全面采集目标信息，例如在灾区测绘、城市规划等方面，无人机测绘所获取的数据经过分析之后，就有望能够作为未来灾害预防、灾区救援、规划建设的重要参考。

在与人工智能技术加快融合的情况下，未来的测绘无人机将会更为成熟、智能，其数据采集能力也将更为突出。因而，通过挖掘测绘无人机的数据采集能力，并将数据转化为服务，可以很大程度释放其商业价值，从而来获得市场的更多认可，创造更大的市场空间。当然，测绘无人机的发展还存在着一些不足，需要国家在立法、政策上继续予以支持，不断加快相关监管措施、标准规范的完善，以保障行业能够健康、有序成长。接下来，一旦在技术、市场、政策等方面取得积极突破，测绘无人机将迎来新的爆发机遇。

## 三、无人机测绘技术的优势

### （一）具有安全性和可靠性

无人机测绘技术主要是采取了无人遥感的技术，无人机遥感技术是通过远程操控无人机，通过无人机上的摄像头对现场进行一定的了解。这样的技术可以更好地对较为危险的地面进行探测和研究，如果需要探测的地方存在一定的危险性，使用无人机测绘可以大大提升工作的安全性，并且通过实时的监控可以了解到场景的真实情况，具有可靠性。

虽然无人机的遥感技术在我国的应用实践并不是很长，但是随着我国对测绘技术的要求越来越高以及一些较为危险的地质探测的必要性，所以，采用无人机的遥感技术可以更好地配合测绘。这样也可以更好地提升测绘的效率，让测绘工作变得更加的准确和科学。

### （二）更加灵活

无人机本身具有小巧便捷的优点，这样的优点可以更好地配合地形进行变化，更加清晰准确地了解到地形的特点，并且，在飞行的过程中无人机也可以保证自身的稳定性，操作人员对无人机所做出的指令都可以较为准确地传达，减少误差，其对于图像的处理也会更加细腻。而且，随着技术的发展，我国的无人机技术成本也在逐渐降低，而且无人机的操作也在逐渐变得简单，这样也让无人机的使用变得更加灵活。随着科学技术的进步发展，对图像的处理也可以更加灵活。

### （三）对于数据的处理简单方便

无人机在进行监控拍摄的过程中，需要适时地进行操作，操作人员可以根据具体的情况进行分析和数据处理，在操作的过程中操作人员可以直接根据无人机所勘测的数据，进行数据的分析和处理，这样更加便捷迅速。

## 四、无人机测绘系统组成分析

### 1.地面部分

无人机遥感系统的地面部分可以细分为无人机轨迹规划部分、无人机远程控制部分和影像拍摄显示部分。其中，轨迹规划任务主要是对无人机测绘航线、性能以及作业区范围进行规划，确保无人机测绘的高效运行。完成轨迹规划后，由地面远程控制系统进行无人机的测绘作业，同时由地面显示系统记录无人机拍摄的各类影像数据。

## 2. 空中部分

无人机遥感测绘系统的空中部分主要包括 4 个方面：控制系统、传感器系统、压缩系统和无人机平台。控制系统主要是指地面控制中心，即地面工作人员通过相关网络平台的操控，可以实现对无人机的远程控制，从而完成一系列的飞行姿态转变；传感器系统是无人机遥感测绘系统的核心组成部分，其中布设有 CCD 数码相机、合成孔径雷达等设备，可以高效地进行空间影像拍摄处理；压缩系统可以实现对数据的实时传输，确保数据信息的高精准度；无人机平台即低速无人驾驶飞机。

## 3. 数据处理部分

无人机遥感测绘系统包含计算机处理系统，获取实物影像信息后，由计算机系统进行数据采集、存储和处理工作，不仅减少了人工工作，而且大大提高了数据处理结果的准确性。无人机遥感测绘系统依靠地面部分、空中部分以及数据处理部分之间的配合完成工程测绘作业，功能性较高，可以被应用到地质灾害灾区监控方面，不但可以了解灾区详细影响信息，还可以为后续灾区重建提供重要的数据参考。

# 五、无人机测绘数据处理关键技术

## 1. 相机校验

无人机通常搭载小型的非量测相机，这种相机不仅分辨率较高，而且能在高速运动状态下连续进行拍摄，是无人机获取测绘信息的主要设备。但是，这种非量测相机也有一些缺点，例如相机的主距和主点未知，拍摄过程中可能会出现不对焦的问题，造成图像畸变。为了获取精确度更高的测绘数据，需要采用相机校验技术，基本流程为：首先，选取就近的一处目标，先用数码相机拍摄目标。然后让无人机在高速飞行状态下拍摄同一目标。此时无人机拍摄所得的照片会存在一定程度的畸变。然后利用计算机软件对两组照片进行校验。以数码相机拍摄的照片为基准，不断调整非量测相机的主距和主点位置，直到无人机拍摄的照片与数码相机拍摄的照片完全重合。在相机校验技术中，除了自检法外，还可以使用试验场校验、基于多像灭点的校验方法，都可以取得类似的效果。

## 2. 动态后处理技术

动态后处理技术又称 PPK 技术。PPK 技术的优势主要体现在以下几个方面：外界影响环境小；作业半径大；定位精度高。该技术对季节条件和气候条件要求较小，最大作业半径可达 30km，其精确度可达到 5mm。目前 PPK 技术主要应用于空中三角测量中。

## 3. 数字正射影像技术

数字正射影像技术又称 DOM 生产技术，指的是以特定的图幅范围为剪裁依据而形成的影像集。DOM 技术的优势主要体现在两个方面：地图几何精度高和影像特征明显。无人机航空在实际拍摄过程中，其产生 DOM 数据时，需要进行数据高程模型数据处理（DEM 处理）和影像纠正处理等。其中，DEM 处理的质量对 DOM 的准确度有很大的影响。为提高 DOM 的准确度，应先对 DEM 进行人工编辑。

### 4. 空中三角测量

在无人机测绘数据处理当中，空中三角测量对最终测绘结果的精度有直接影响。空中三角测量的内容包括像点的匹配、平差的计算和电测的控制等内容。其中，像点匹配可以由计算机来完成，技术人员可以事先在计算机上设置好相关的参数，然后将无人机测绘获得的像点导入计算机中，自动完成像点匹配。由于无人机在飞行过程中会不断调整自己的飞行姿势，因此拍摄角度也会发生一定变化，测绘数据中可能会出现一些误差。在进行测绘数据处理时，可以引用迭代算法和像点匹配算法，以达到控制目标物体平面位置误差和高层误差的目的。

## 六、无人测绘数据处理关键技术的应用

### 1. 土地确权

传统的土地确权测量工作，一般是通过地面工程测量实测方式测制地形图或者通过传统载人飞机航测地形图。相较于传统方式，采用无人机进行航空摄影测量具有明显的优势，成本低廉、执行方便、自动化程度高、效率高、精确度高。

### 2. 不动产登记

无人机作为一种辅助手段，帮助不动产登记人员在实地勘查、审核等工作中大幅提升效率，节省经费。无人机航拍测绘技术的应用，一方面能使登记权籍调查更为精确，最大限度避免登记错误和风险；对数据进行充分整合，进而实现整个不动产登记和管理的数字化、精确化、实时化。

### 3. 堆体测量

堆体测量的应用范围非常广泛，矿山、火电厂、建筑工程施工过程中的土堆沙堆计量、港口码头的散装货物估算，还有粮仓里的粮堆估算，这些都离不开堆体测量技术。

### 4. 高速公路测绘

对于高速公路这类大规模的交通基础设施进行维护改造，第一步工作就是要获取全部道路情况的清晰图像资料。启飞应用的无人机测绘系统，集成了测绘用无人机（固定翼/多旋翼）、三维建模软件和 GIS 应用程序，配合启飞应用强大的工作站，在高效完成测绘工作的同时，还可以通过启飞应用的 GIS 应用软件对道路改造的工程量做精准评估，并模拟工程改造后的场景效果及可能的周边环境影响，为公路部门的道路改造和道路规划工作提供有力的支持。

### 5. 桥梁检测

桥梁检测主要是对其外观和结构性能进行检查评定，通常对结构的性能的检查是通过一系列的力学试验完成的，而对其外观的检查主要依靠肉眼或者辅助工具（如桥检车、望远镜等）来检测桥梁主要构件是否出现裂缝、开裂破损、露筋锈蚀、支座脱空等病害。无人机可通过相机、激光雷达等控制设备完成桥梁底面、柱面及横梁等结构面的拍摄取证，

同时还可以进行桥梁整体的三维建模，通过模型来测算桥梁的外在结构，供专业人员分析桥梁状态，及时发现险情，可极大减轻桥梁维护人员的工作强度，提高桥梁检测维护效率。

6. 隧道管道

监测传统的地铁、铁路和汽车隧道检测，需要检测人员深入隧道内部，采用人工排查的方式确认是否有裂痕或漏水等异常情况，并确保隧道结构没有问题。采用无人机搭载高清相机和激光雷达等检测设备，可以采集隧道内高精度的图像数据并生成三维模型，以供随时调取查看，这不仅能够提供更高的检查精度，还能够让工程师有更多的时间专注于对所搜集到的资料进行分析，并快速制定应对措施。

7. 救援支持

如果在某个地区出现了灾情，首先要做的就是派出救援团队进行救助，救助工作的开展首先需要了解灾情发生地方的状况，根据现场的状况派遣团队进行救援行动。这时，使用无人机进行现场的勘测和测绘可以在最短的时间内及时了解到现场发生的情况以及灾情的范围大小，进行救援团队的补充派遣。例如在我国汶川地震的灾情中，就采取了无人机的探测技术，了解到现场的具体情况，拍摄到了现场的灾情的图片，专业人员及时的分析，进行数据处理，这为救援行动提供了很大帮助，也大大增强了救援工作的效率。除此之外，无人机的测绘技术也可以更好地帮助灾情之后的重建工作，让人们可以在最短的时间内重建家园。

8. 国家土地的测量

对国家土地的测绘测量是我国的土地管理的重要组成部分。这样的测绘技术可以更好地监测国土的情况，对国土进行分析，增加国家的土地的使用率；与此同时，增加国家土地的使用率还可以帮助了解分析我国的国情，这对于未来长远的发展都有很大的帮助。

所以，在国土的测绘过程中，加入无人机的探测技术，能够更加迅速地了解到国家土地的情况，对于接下来的工作部署以及后续的工作推进都有很大的帮助。例如，对于我国的沙漠地区进行退沙造林工作时，需要了解到相关地区的土地状况、土地的面积，通过对这些数据进行搜集和处理，为接下来的工作更好地进行铺垫。

9. 对环境进行及时监测

环境问题也是当前面临的一个重大的问题，目前，我国对于环境污染以及大气污染等问题都极为关注，并且也积极地采取措施，对环境进行保护和管理。所以，使用无人机技术对环境进行实时的监测也可以更好地进行保护环境的工程。在环境的监测过程中通过拍摄一些重要的图片进行环境问题的分析和处理能够更好地制订解决方案。在部分环境污染较严重和存在安全隐患的污染地区，无人机的测绘技术能够更好、更加安全地进行数据的获取。并且，无人机的拍摄图像清晰，可以为专家提供一个更加有效的观测。

无人机的测绘技术在日常的生活中都会使用到，该项技术具有一定的使用优势，并且随着无人机测绘技术的蓬勃发展、专业技术的不断增强，我国对无人机测绘技术的使用范围也在逐渐拓宽，从灾情的探测到国家土地的探测再到环境问题的监测，无人机技术都可以发挥重大的作用，而且其测绘的准确度和精度都有了更好的提升。

10. 矿山测绘

某地新发现一座矿山，为确保矿山开采安全，需要先进行无人机测绘。具体测绘步骤如下：首先，进行无人机航线设计，通过航拍要获取矿山的地形地势、测区总面积、周围交通等数据信息。根据矿山测绘需要，确定无人机飞行的具体参数，包括飞行高度、分辨率等。其次，做好地面控制工作，提前确定好若干个测绘点，方便无人机搭载的高精度数码相机进行数据采集。在完成第一次航拍后，地面控制人员可以对无人机反馈的拍摄信息进行检查。如果测绘数据达不到使用要求，则需要调整无人机的拍摄角度、飞行高度，重新进行拍摄，直到获取足够多的测绘数据。最后，将无人机收集到的测绘数据进行整合、分析，得出矿山的具体信息，包括地势特点、交通情况、植被覆盖情况等，为下一步的矿山开采工作提供了详细的指导。

11. 在地形测量中的应用

无人机测绘技术成熟后，使得原本必须由工程测量所完成的大比例尺、小范围测绘任务，可以通过摄影测量完成，并且在工作效率、成本方面具有优势，尤其是针对地形条件复杂、时间要求紧迫的项目，例如灾情救援与应急测绘，在地震、滑坡、洪涝等类自然灾害发生之后，通常需要快速地获得灾区的最新大比例尺地形资料，此时采用传统测绘手段往往不能解决问题，而利用无人机测绘技术快速生成的测绘产品就显得尤为重要，救援队伍能够直接回避危险地带，到达救援实际位置，不仅缩短了救援时间，同时也有助于保障救援人员的自身安全，为应急救灾和灾后重建提供重要的决策依据。

# 第五章　数字孪生技术及产品数字孪生体

数字孪生是依赖大数据的力量提高模型精度的重要概念。它是物理资产及其数据实时状态的准确复制，是结合虚拟模型和现实数据的桥梁。数字孪生主要可分为产品的数字孪生和生产工艺的数字孪生。本节介绍了数字孪生及数字孪生体的概念，并且就数字纽带、产品数字孪生体的相关内容进行了研究。

## 第一节　数字孪生及数字孪生体的概念

### 1. 概念

美国国防部最早提出将数字孪生（digital twin）技术是用于航空航天飞行器的健康维护与保障。首先在数字空间建立真实飞行器的模型，并通过传感器实现与飞行器真实状态完全同步，这样每次飞行后，根据现有情况和过往载荷，及时分析评估飞行器是否需要维修、能否承受下次的任务载荷等。

数字孪生概念是在现有的虚拟制造、数字样机（包括几何样机、功能样机、性能样机）等基础上发展而来的。

数字孪生指充分利用物理模型、传感器、运行历史等数据，集成多学科、多物理量、多尺度、多概率的仿真过程，在虚拟空间中完成映射，从而反映相对应的实体装备的全生命周期过程。数字孪生以数字化方式为物理对象创建虚拟模型，模拟其在现实环境中的行为。通过搭建整合制造流程的数字孪生生产系统，能实现从产品设计、生产计划到制造执行的全过程数字化，将产品创新、制造效率和有效性水平提升至一个新的高度。

数字孪生体是指与现实世界中的物理实体完全对应和一致的虚拟模型，可实时模拟其在现实环境中的行为和性能，也称为数字孪生模型。

数字孪生是技术、过程和方法，数字孪生体是对象、模型和数据。

### 2. 应用和进展

实现 Digital Twin 的许多关键技术都已经开发出来，比如多物理尺度和多物理量建模、结构化的健康管理、高性能计算等，但实现 Digital Twin 需要集成和融合这些跨领域、跨专业的多项技术，从而对装备的健康状况进行有效评估，这与单个技术发展的愿景有着显著的区别。因此，可以设想 Digital Twin 这样一个极具颠覆的概念，在未来可以预见的时间内很难取得足够的成熟度，建立中间过程的里程碑目标就显得尤为必要。

美国空军研究实验室（AFRL）在 2013 年发布的 Spiral 1 计划就是其中重要的一步，已与通用电气（GE）和诺思罗普·格鲁曼签订了 2000 万美元的商业合同以开展此项工作。计划以现有美国空军装备 F15 为测试台，集成现有最先进的技术，与当前具有的实际能力为测试基准，从而标识出虚拟实体还存在的差距。当然，对于 Digital Twin 这么一个好听好记的概念，许多公司已经迫不及待地将其从高尖端的领域，拉到民众的眼前。

GE 将其作为工业互联网的一个重要概念，力图通过大数据的分析，完整地透视物理世界机器实际运行的情况；而激进的 PLM 厂商 PTC 公司，则将其作为主推的"智能互联产品"的关键性环节：智能产品的每一个动作，都会重新返回设计师的桌面，从而实现实时的反馈与革命性的优化策略。Digital Twin 突然赋予了设计师们以全新的梦想。它正在引导人们穿越那虚实界墙，在物理与数字模型之间自由交互与行走。

3. 意义

Digital Twin 最为重要的启发意义在于，它实现了现实物理系统向赛博空间数字化模型的反馈。这是工业领域中逆向思维的一个壮举。人们试图将物理世界发生的一切，塞回到数字空间中。只有带有回路反馈的全生命跟踪，才是真正的全生命周期概念。这样，就可以真正在全生命周期范围内，保证数字与物理世界的协调一致。各种基于数字化模型进行的各类仿真、分析、数据积累、挖掘，甚至人工智能的应用，都能确保它与现实物理系统的适用性。这就是 Digital Twin 对智能制造的意义所在。

智能系统的智能首先要感知、建模，然后才是分析推理。如果没有 Digital Twin 对现实生产体系的准确模型化描述，所谓的智能制造系统就是无源之水，无法落实。

# 第二节　数字纽带

1. 数字纽带简介

数字纽带（digital thread）（也被译为数字主线、数字线程、数字线、数字链等）是一种可扩展、可配置的企业级分析框架。它在整个系统的生命周期中，通过提供访问、整合以及将不同分散数据转换为可操作信息的能力来通知决策制定者。数字纽带可无缝衔接，加速企业数据信息知识系统中的权威发布数据、信息和知识之间的可控制相互作用，并允许在能力规划和分析、初步设计、详细设计、制造、测试以及维护采集阶段，动态实时评估产品在当前和未来提供决策的能力。数字纽带也是个允许连接数据流的通信框架，并提供包含生命周期各阶段孤立功能视图的集成视图。数字纽带为在正确的时间将正确的信息传递到正确的地方提供了有利条件，使产品生命周期各环节能够及时进行关键数据的双向同步和沟通。

2. 数字孪生与 Digital Thread 的关系

Digital Twin 是与 Digital Thread 既相互关联、又有所区别的一个概念。

Digital Twin 是一个物理产品的数字化表达，以便我们能够在这个数字化产品上看到实际物理产品可能发生的情况，与此相关的技术包括增强现实和虚拟现实。Digital Thread 在设计与生产的过程中，仿真分析模型的参数，可以传递到产品定义的全三维几何模型，再传递到数字化生产线加工成真实的物理产品，再通过在线的数字化检测 / 测量系统反映到产品定义模型中，进而又反馈到仿真分析模型中。

靠着 Digital Thread，所有数据模型都能够双向沟通，因此真实物理产品的状态和参数将通过与智能生产系统集成的赛博物理系统 CPS 向数字化模型反馈，致使生命周期各个环节的数字化模型保持一致，从而能够实现动态、实时评估系统的当前及未来的功能和性能。而装备在运行的过程中，又通过将不断增加的传感器、机器的连接而对收集的数据进行解释利用，可以将后期产品生产制造和运营维护的需求融入早期的产品设计过程中，形成设计改进的智能闭环。然而，并不是建立了全机有限元模型，就有了数字孪生，那只是问题的一个角度；必须在生产中把所有真实制造尺寸反馈回模型，再用 PHM（健康预测管理）实时搜集飞机实际受力情况，反馈回模型，才有可能成为 Digital Twin。

Digital Twin 描述的是通过 Digital Thread 连接的各具体环节的模型。可以说 Digital Thread 是把各环节集成，再配合智能的制造系统、数字化测量检验系统以及赛博物理融合系统的结果。

通过 Digital Thread 集成了生命周期全过程的模型，这些模型与实际的智能制造系统和数字化测量检测系统进一步与嵌入式的赛博物理融合系统（CPS）进行无缝的集成和同步，从而使我们能够在这个数字化产品上看到实际物理产品可能发生的情况。

简单地说，Digital Thread 贯穿了整个产品生命周期，尤其是从产品设计、生产、运维的无缝集成；而 Digital Twin 更像是智能产品的概念，它强调的是从产品运维到产品设计的回馈。

Digital Twin 是物理产品的数字化影子，通过与外界传感器的集成，反映对象从微观到宏观的所有特性，展示产品的生命周期的演进过程。当然，不止产品，生产产品的系统（生产设备、生产线）和使用维护中的系统也要按需建立 Digital Twin。

# 第三节　产品数字孪生体

1. 概述

产品数字孪生体是指产品物理实体的工作状态和工作进展在信息（虚拟）空间的全要素重建及数字化映射，是一个集成的多物理、多尺度、超写实、动态概率仿真模型，可用来模拟、监控、诊断、预测、控制产品物理实体在现实环境中的形成过程、状态和行为。

产品数字孪生体基于产品设计阶段生成的产品模型，并在随后的产品制造和产品服务阶段，通过与产品物理实体之间的数据和信息交互，通过不断提高自身完整性和精确度，最终完成对产品物理实体的完整和精确描述。

通过产品数字孪生体的定义可以看出：

（1）产品数字孪生体是产品物理实体在信息空间中集成的仿真模型，是产品物理实体的全生命周期数字化档案，并可实现产品全生命周期数据和全价值链数据的统一集成管理；

（2）产品数字孪生体是通过与产品物理实体之间不断进行数据和信息交互而完善的；

（3）产品数字孪生体的最终表现形式是产品物理实体的完整和精确数字化描述；

（4）产品数字孪生体可用来模拟、监控、诊断、预测和控制产品物理实体在现实物理环境中的形成过程、状态和行为。

2. 产品数字孪生体的特性

产品数字孪生体具有多种特性，其中主要包括虚拟性、唯一性、多物理性、多尺度性、层次性、集成性、动态性、超写实性、可计算性、概率性和多学科性等。

（1）虚拟性

产品数字孪生体是产品物理实体在信息空间的数字化映射模型，是一个虚拟模型，属于信息空间，不属于物理空间。

（2）唯一性

一个产品物理实体对应一个产品数字孪生体。

（3）多物理性

产品数字孪生体是基于物理特性的实体产品的数字化映射模型，不仅需要描述实体的几何特性（如形状、尺寸、公差等），还需要描述产品物理实体的多种物理特性，包括结构动力学模型、热力学模型、应力分析模型、疲劳损伤模型，以及产品物理实体材料的刚度、强度、硬度疲劳强度等材料特性。

（4）多尺度性

产品数字孪生体不仅描述产品物理实体的宏观特性，如几何尺寸，也描述产品物理实体的微观特性，如材料的微观结构、表面粗糙度等。

（5）层次性

组成最终产品的不同零件、部件、组件等，都可以具有其对应的数字孪生体，例如，飞行器数字孪生体包括机架数字孪生体、飞行控制系统数字孪生体、推进控制系统数字孪生体等。这有利于产品物理实体数据和模型的层次化和精细化管理，以及产品数字孪生体的逐步实现。

（6）集成性

产品数字孪生体是多种物理结构模型、几何模型、材料模型等多尺度、多层次集成的模型，有利于从整体上对产品物理实体的结构特性和力学特性进行快速仿真与分析。

（7）动态性（或过程性）

产品数字孪生体在全生命周期各阶段会通过与产品物理实体的不断交互而不断改变和完善，例如，在产品制造阶段采集的产品制造数据（如检测数据、进度数据）会反映在信息空间的产品数字孪生体中，同时基于产品数字孪生体能够实现对产品物理实体制造状态和过程的实时、动态和可视化监控。

（8）超写实性

产品数字孪生体与产品物理实体在外观、内容、性质上基本完全一致，拟实度高，能够准确反映产品物理实体的真实状态。

（9）可计算性

基于产品数字孪生体，就可以通过仿真、计算和分析来实时模拟和反映对应产品物理实体的状态和行为。

**3. 产品数字孪生体的实现方式**

（1）产品设计阶段。构建一个全三维标注的产品模型，包括三维设计模型、产品制造信息（PMI）、关联属性等。PMI包括产品物理实体的几何尺寸、公差，以及3D注释、表面粗糙度、表面处理方法焊接符号、技术要求、工艺注释和材料明细表等；关联属性包括零件号、坐标系统、材料、版本、日期等。

（2）工艺设计阶段。在三维设计模型、PMI、关联属性的基础上，实现基于三维产品模型的工艺设计，具体实现步骤包括三维设计模型转换、三维工艺过程建模、结构化工艺设计、基于三维模型的工装设计、三维工艺仿真验证以及标准库的建立，最终形成基于数模的工艺规程（MBI），具体包括工艺物料清单（BOM）、三维工艺仿真动画、关联属性的工艺文字信息和文档。

（3）产品生产制造阶段，主要实现产品档案（product memory）或产品数据包（product data package），即制造信息的采集和全要素重建，包括制造BOM、质量数据、技术状态数据、物流数据、产品检测数据、生产进度数据、逆向过程数据等的采集和重建。

（4）产品服务阶段，主要实现产品的使用和维护。

（5）产品报废/回收阶段，主要记录产品的报废/回收数据，包括产品报废/回收原因、产品报废/回收时间、产品实际寿命等。当产品报废/回收后，该产品数字孪生体所包含的所有模型和数据都将作为同种类型产品组历史数据的一部分进行归档处理，为下一代产品的设计改进和创新、同类型产品的质量分析及预测、基于物理的产品仿真模型和分析模型的优化等提供数据支持。

综上所述，产品数字孪生体的实现方法具有如下特点：面向产品全生命周期，采用单一数据源实现物理空间和信息空间的双向连接；产品档案要确保产品所有的物料都可以追溯，也要能够实现质量数据（如实测尺寸、实测加工/装配误差、实测变形）、技术状态（如技术指标实测值、工艺等）的追溯；在产品制造完成后的服务阶段，仍要实现与产品物理实体的互联互通，从而实现对产品物理实体的监控追踪、行为预测及控制、健康预测与管理等，最终形成一个闭环的产品全生命周期数据管理。

4.产品数字孪生体的作用

产品数字孪生体的主要作用之一就是模拟、监控、诊断、预测和控制产品物理实体在现实物理环境中的形成过程和行为。

（1）模拟。以航空航天领域为例，在空间飞行器执行任务以前，使用空间飞行器数字孪生体，在搭建的虚拟仿真环境中模拟空间飞行器的任务执行过程，尽可能掌握空间飞行器在实际服役环境中的状态、行为、任务成功概率、运行参数以及一些在设计阶段没有考虑或预料到的问题，并为后续的飞行任务制定、飞行任务参数确定以及面对异常情况时的决策制定提供依据。可以通过改变虚拟环境的参数设置来模拟空间飞行器在不同服役环境时的运行情况；通过改变飞行任务参数来模拟不同飞行任务参数对飞行任务成功率、空间飞行器健康和寿命等产生的影响；也可以模拟和验证不同的故障、降级和损坏减轻策略对维护空间飞行器健康和增加服役寿命的有效性等。

（2）监控和诊断。在产品制造/服务过程中，制造/服务数据（如最新的产品制造/使用状态数据、制造/使用环境数据）会实时地反映在产品数字孪生体中。通过产品数字孪生体可以实现对产品物理实体制造/服务过程的动态、实时、可视化监控，并基于所得的实测监控数据和历史数据实现对产品物理实体的故障诊断、故障定位等。

（3）预测。通过构建的产品数字孪生体，可以在信息空间中对产品的制造过程、功能和性能测试过程进行集成模拟、仿真和验证，预测潜在的产品设计缺陷、功能缺陷和性能缺陷。针对产生的这些缺陷，产品数字孪生体支持对应参数的修改，在此基础上对产品的制造过程、功能和性能测试过程再次进行仿真，直至问题得到完全解决。借助于产品数字孪生体，企业相关人员能够通过对产品设计的不断修改、完善和验证来有效避免和预防产品在制造/使用过程中可能遇到的问题。在产品制造阶段，将最新的检验和测量数据、进度数据、关键技术状态参数实测值等关联映射至产品数字孪生体，并基于已有的基于物理属性的产品设计模型、关键技术状态参数理论值以及预测与分析模型（如精度预测与分析模型、进度预测与分析模型），实时预测和分析产品物理实体的制造/装配进度、精度和可靠性。在产品服务阶段，以空间飞行器为例，将最新的实测负载、实测温度、实测应力、结构损伤程度以及外部环境等数据关联映射至产品数字孪生体，并基于已有的产品档案数据、物理属性的产品仿真和分析模型，实时、准确地预测空间飞行器的健康状况、剩余寿命、故障信息等。

（4）控制。在产品制造/服务过程中，产品数字孪生体通过分析实时制造过程数据，实现对产品物理实体质量和生产进度的控制，通过分析实时服务数据，实现对产品物理实体自身状态和行为的控制，包括外部使用环境的变更、产品运行参数的改变等。

# 第六章 测绘行业管理

测绘行业管理工作是近些年才被人们所认识和关注的。我国改革开放和市场经济体制的形成,强烈地冲击着测绘市场,同时也给测绘行业管理工作提出了新的课题,如何搞好测绘行业管理工作,就显得尤为重要。本节以测绘行业管理为主题,对测绘资质资格管理、测绘市场监督管理、测绘成果管理等方面进行探讨和研究。

## 第一节 测绘资质资格管理

测绘工作是国民经济和社会发展的一项前期性、基础性工作。它为经济建设、国防建设、科学研究、文化教育、行政管理、人民生活等提供重要的地理信息服务,是必不可少的一种重要保障手段,是实现"数字地球""数字中国""数字区域""数字城市"必不可少的方法和手段。近年来,经济的快速发展对测绘事业的发展产生了很大的推动作用,同时测绘事业也为经济的发展提供了重要的保障。

### 一、测绘资质管理制度

1. 测绘资质的分级管理

国家对从事测绘活动的单位实行测绘资质管理制度。《测绘法》明确规定了从事测绘活动的单位应该具备的相应条件,必须依法取得相应等级的测绘资质证书。凡从事测绘活动的单位,都应当取得《测绘资质证书》,并在其资质等级许可的范围内从事测绘活动。测绘资质分为甲、乙、丙、丁四级。各等级测绘资质的具体条件和作业限额由《测绘资质分级标准》规定。

2. 测绘资质的申请

测绘资质审批实行分级管理:国家测绘局为甲级测绘资质审批机关,负责甲级测绘资质的受理、审查和颁发《测绘资质证书》。省、自治区、直辖市人民政府测绘行政主管部门为乙、丙、丁级测绘资质审批机关,负责乙、丙、丁级测绘资质的受理、审查和颁发《测绘资质证书》。省、自治区、直辖市人民政府测绘行政主管部门可以委托市(州)级人民政府测绘行政主管部门承担本行政区域内乙、丙、丁级测绘资质申请的受理工作。

## 二、分级标准及业务范围

1. 通用标准和专业标准

通用标准是指对申请不同专业测绘资质统一适用的标准。专业标准是指根据不同测绘专业的特殊需要制定的专项标准，其中包括大地测量、测绘航空摄影、摄影测量与遥感、工程测量、地籍测绘、房产测绘、行政区域界线测绘、地理信息系统工程、海洋测绘、地图编制、导航电子地图制作、互联网地图服务等方面。标准中各等级测绘资质的定量考核标准是指最低限量。此外，还有一些地方的补充标准等。凡申请《测绘资质证书》的单位，必须同时达到通用标准和相应的专业标准要求。

2. 测绘资质的业务范围

丙级测绘资质的业务范围仅限于工程测量、摄影测量与遥感、地籍测绘、房产测绘、地理信息系统工程、海洋测绘，且不超过该范围内的四项业务。丁级测绘资质的业务范围仅限于工程测量、地籍测绘、房产测绘、海洋测绘，且不能超过该范围内的三项业务。作业限额是指相应等级的测绘资质单位承担测绘项目的最高限量。测绘单位不得超越《测绘资质证书》所载的业务范围和相应的作业限额承揽测绘项目。

## 三、测绘资质申请的基本条件及其材料

1. 申请测绘资质应当具备的基本条件

（1）具有企业或者事业单位法人资格。

（2）有与申请从事测绘活动相适应的专业技术人员。

（3）有与申请从事测绘活动相适应的仪器设备。

（4）有健全的技术、质量保证体系和测绘成果及资料档案管理制度。

（5）有与申请从事测绘活动相适应的保密管理制度及设施。

（6）有满足测绘活动需要的办公场所。

2. 申请测绘资质所需材料

初次申请测绘资质和申请测绘资质升级的，应当提交下列材料：

（1）《测绘资质申请表》。

（2）企业法人营业执照或者事业单位法人证书。

（3）法定代表人的简历及任命或者聘任文件。

（4）符合规定数量的专业技术人员的任职资格证书、任命或者聘用文件、劳动合同、毕业证书、身份证等证明材料。

（5）当年单位在职专业技术人员名册。

（6）符合省级以上测绘行政主管部门认可的测绘仪器检定单位出具的检定证书、购买发票、调拨单等证明材料。

（7）测绘质量保证体系、测绘成果及资料档案管理制度。

（8）测绘生产和成果的保密管理制度、管理人员、工作机构和基本设施等证明。

（9）单位住所及办公场所证明。

（10）反映本单位技术水平的测绘业绩及获奖证明（初次申请测绘资质可不提供）。

　　3. 对申请测绘资质材料审核的要点

（1）审阅《测绘资质申请表》中的内容是否填写齐全，所填题目与附件材料中的内容是否一致，有上级主管部门的测绘单位，必须经上级主管部门签章认可，最后填写测绘行政主管部门审核意见并盖章上报省级测绘行政主管部门。

（2）营业执照或法人证书是否年检有效。

（3）测绘技术制度：主要是单位的生产、技术、质量管理方法规定等有关技术管理制度。质量保证体系的审核包括：凡已通过 ISO9000 系列认证的测绘单位必须附带相关证书，否则乙级资质要通过省级测绘主管部门的质量体系认证，丙级要通过市（州）级以上测绘行政主管部门的质量体系认证，丁级则要通过县级以上测绘行政主管部门的质量体系认证。测绘成果认定：甲、乙级测绘单位必须通过省级测绘质量检定部门认定，丙、丁级测绘单位要通过专门的测绘质量检定部门或县级以上测绘主管部门认定，认定方法由测绘持证单位提交近期能代表本单位技术水平并独立完成测绘项目的所有资料，由测绘质量检定部门或测绘主管部门对其进行检查，最后对该项目提出定性的检查报告。资料档案管理考核：必须持市（州）级以上档案部门认定的档案管理等级证书，否则乙级单位必须通过省级测绘主管部门，丙、丁级测绘单位必须通过县级以上测绘主管部门的档案达标考核。

（4）申请受理。申请材料不齐全或者不符合规定形式的，受理机关应当在收到申请材料后五个工作日内一次告知申请单位需要补正的全部内容。申请材料齐全、符合规定形式的，或者申请单位按照要求提交全部补正申请材料的，应当受理其申请。否则不予受理，不予受理的应当说明理由。对申请材料的实质内容需要进行核实的，由测绘资质审查机关或委托下级测绘行政主管部门指派两名以上工作人员进行核查。

（5）测绘单位申请升级或变更业务范围的，测绘单位在申请之日前两年内有下列行为之一的，不予批准：1）采用不正当手段承接测绘项目的；2）将承接的测绘项目转包或者违法分包的；3）经监督检验发现有测绘成果质量批次不合格的；4）涂改、倒卖、出租、出借或者以其他形式非法转让《测绘资质证书》的；5）允许其他单位、个人以本单位名义承揽测绘项目的；6）有其他违法违规行为的。

（6）测绘单位申请要变更单位名称、住所、法定代表人的，应当提交下列材料：1）变更申请文件；2）变更事项的证明材料；3）《测绘资质证书》正、副本；4）其他应当提供的材料。

## 四、测绘资质年度注册与监督检查

### 1. 年度注册

年度注册是指测绘资质审批机关按照年度对测绘单位进行核查，并确认其是否继续符合测绘资质的基本条件。年度注册时间为每年的 3 月 1 日至 31 日。测绘单位应当于每年的 1 月 20 日至 2 月 28 日按照规定的要求向省级测绘行政主管部门或其委托设区的市（州）级测绘行政主管部门报送年度注册的相关材料。取得测绘资质未满 6 个月的单位，可以不参加年度注册。

（1）年度注册程序

1）测绘单位按照规定填写《测绘资质年度注册报告书》，并在规定期限内报送相应测绘行政主管部门。

2）测绘行政主管部门受理、核查有关材料。

3）测绘行政主管部门对符合年度注册条件的，予以注册；对缓期注册的，应当向测绘单位书面说明理由。

4）省级测绘行政主管部门向社会公布年度注册结果。测绘资质年度注册专用标识样式由国家测绘局统一规定。

（2）年度注册核查的主要内容

1）单位性质、名称、住所、法定代表人及专业技术人员变更情况。

2）测绘单位的从业人员总数、注册资金及出资人的变化情况和上年度测绘服务总值。

3）测绘仪器设备检定及变更情况。

4）完成的主要测绘项目、测绘成果质量以及测绘项目备案和测绘成果汇交情况。

5）测绘生产和成果的保密管理情况。

6）单位信用情况。

7）违法测绘行为被依法处罚情况。

8）测绘行政主管部门需要核查的其他情况。

缓期注册的期限为 60 日。测绘行政主管部门应当书面告知测绘单位限期整改，整改后符合规定的，方能予以注册。

### 2. 监督检查

各级测绘行政主管部门履行测绘资质监督检查职责，可以要求测绘单位提供专业技术人员名册及工资表劳动保险证明、测绘仪器的购买发票及检定证书、测绘项目合同、测绘成果验收（检验）报告等有关材料，并可以对测绘单位的技术质量保证制度、保密管理制度、测绘资料档案管理制度的执行情况进行检查。

各级测绘行政主管部门实施监督检查时，不得索取或者收受测绘单位的任何财物，不得谋取其他利益。

有关单位和个人对依法进行的监督检查应当协助与配合，不得拒绝或者阻挠。

测绘单位违法从事测绘活动被依法查处的，查处违法行为的测绘行政主管部门应当将违法事实、处理结果告知上级测绘行政主管部门和测绘资质审批机关。

各级测绘行政主管部门应当加强测绘市场信用体系建设，将测绘单位的信用信息纳入测绘资质监督管理范围。

取得测绘资质的单位应当向测绘资质审批机关提供真实、准确、完整的单位信用信息。测绘单位信用信息的征集、等级评价、公布和使用等办法由国家测绘局另行制定。

## 五、测绘职业制度

### 1. 测绘作业证的配发

测绘外业作业人员和需要持测绘作业证的其他人员应当领取测绘作业证。在进行外业测绘活动时，应当持有测绘作业证，测绘作业证在全国范围内通用。

国家测绘局负责测绘作业证的统一管理工作。省、自治区、直辖市人民政府测绘行政主管部门负责本行政区域内测绘作业证的审核、发放和监督管理工作。省、自治区、直辖市人民政府测绘行政主管部门，可将测绘作业证的受理、审核、发放、注册核准等工作委托市（地）级人民政府测绘行政主管部门承担。

测绘人员在下列情况下应当主动出示测绘作业证：

（1）进入机关、企业、住宅小区、耕地或者其他地块进行测绘时。

（2）使用测量标志时。

（3）接受测绘行政主管部门的执法监督检查时。

（4）办理与所进行的测绘活动相关的其他事项时。

另外，进入保密单位、军事禁区和法律法规规定的需经特殊审批的区域进行测绘活动时，还应当按照规定持有关部门的批准文件。

### 2. 注册测绘师制度（暂行规定）

为了提高测绘专业技术人员素质，保证其测绘成果质量，维护国家和公众利益，依据《中华人民共和国测绘法》和国家职业资格证书制度有关规定制定。

国家对从事测绘活动的专业技术人员，实行职业准入制度，纳入全国专业技术人员职业资格证书制度统一规划。人事部、国家测绘局共同负责注册测绘师制度工作，并按职责分工对该制度的实施进行指导、监督和检查。各省、自治区、直辖市人事行政部门、测绘行政主管部门按职责分工，负责本行政区域内注册测绘师制度的实施与监督管理。

国家对注册测绘师资格实行注册执业管理，取得《中华人民共和国注册测绘师资格证书》的人员，经过注册后方可以注册测绘师的名义执业。国家测绘局为注册测绘师资格的注册审批机构。各省、自治区、直辖市人民政府测绘行政主管部门负责注册测绘师资格的注册审查工作。注册测绘师应在一个具有测绘资质的单位，开展与该单位测绘资质等级和业务许可范围相应的测绘执业活动。

# 第二节　测绘成果管理

## 一、测绘成果的概念及特点

1. 测绘成果的概念

测绘成果是指通过测绘形成的数据、信息、图件以及相关的技术资料，是各类测绘活动形式的记录，也是描述自然地理要素或者地表人工设施的形状、大小、空间位置及其属性的地理信息、数据、资料、图件和档案。

测绘成果分为基础测绘成果和非基础测绘成果。基础测绘成果包含全国性基础测绘成果和地区性基础测绘成果。

2. 测绘成果的表现形式

测绘成果的表现形式，主要包括数据、信息、图件以及相关的技术资料。

（1）为建立全国统一的测量基准和测量系统进行的天文测量、大地测量、卫星大地测量、重力测量所获取的数据和图件。

（2）航空摄影和遥感所获取的数据、影像资料。

（3）各种地图（包括地形图、普通地图、地籍图、海图和其他有关专题地图等）及其数字化成果。

（4）各类基础地理信息以及在基础地理信息基础上挖掘、分析形成的信息。

（5）工程测量数据和图件。

（6）地理信息系统中的测绘数据及其运行软件。

（7）其他有关地理信息数据。

（8）与测绘成果直接有关的技术资料、档案等。

3. 测绘成果的特征

测绘成果是国家重要的基础性信息资源。作为测绘成果主要表现形式的基础地理信息是数据量最大、覆盖面最宽、应用面最广的战略性信息资源之一。基础地理信息资源的规模、品种和服务水平等已成为国家信息化水平的一个重要组成标志，从测绘成果本身的含义及应用范围等方面来归纳分析，基本特征如下：

（1）科学性

测绘成果的生产、加工和处理等各个环节，都是依据一定的数学基础、测量理论和特定的测绘仪器设备以及特定的软件系统来进行，因而测绘成果具有科学性的特点。

（2）保密性

测绘成果涉及自然地理要素和地表人工设施的形状、大小、空间位置及其属性，大部分测绘成果都涉及国家安全和利益，具有严格的保密性。

（3）系统性

不同的测绘成果及测绘成果的不同表示形式，都是依据一定的数学基础和投影法则，在一定的测绘基准和测绘系统控制下，按照先控制、后碎部，先整体、后局部的原则，有着内在的关联，具有系统性。

（4）专业性

不同种类的测绘成果，由于专业不同，其表示形式和精度要求也不尽相同。如大地测量成果与房产测绘成果及地籍测绘成果等都有明显的区别，带有很强的专业性。这种专业不仅体现在应用领域和成果作用的不同，还体现在成果精度的不同。

## 二、测绘成果质量

1. 测绘成果质量的概念

测绘成果质量是指测绘成果满足国家规定的测绘技术规范和标准，以及满足用户期望目标值的程度。测绘成果质量不仅关系到各项工程建设的质量和安全，更关系到经济社会发展规划决策的科学性、准确性，而且涉及国家主权、利益和民族尊严，影响着国家信息化建设的顺利进行。在实际工作中，因测绘成果质量不合格，使工程建设受到影响并造成重大损失的事例时有发生。提高测绘成果质量是国家信息化发展和重大工程建设质量的基础前提保证，是提高政府管理决策水平的一个重要途径，是维护国家主权和人民群众利益的现实需要。因此，加强测绘成果质量管理，保证测绘成果质量，对于维护公共安全和公共利益具有十分重要的意义。

2. 测绘成果质量的监督管理

《测绘法》规定，县级以上人民政府测绘行政主管部门应当加强对测绘成果质量的监督管理。依法进行测绘成果质量监督管理，是各级测绘行政主管部门的法定职责，也是测绘统一监督管理的重要内容。

为加强测绘成果质量管理，国家测绘局先后制定了《测绘质量监督管理办法》和《测绘产品质量监督检验方法》，以规范测绘成果质量管理责任。

（1）测绘行政主管部门质量监管的措施

测绘行政主管部门必须加强测绘标准化管理，对测绘单位完成的测绘成果定期或不定期进行监督检查。加强对测绘仪器计量检定的管理，确保测绘仪器设备安全、可靠及量值准确溯源与传递，并引导测绘单位建立健全质量管理制度。对于测绘成果质量不合格的，按测绘法规规定，责令测绘单位补测或重测。情节严重的，责令停业整顿，降低资质等级，直至吊销测绘资质证书。给用户造成损失的，要依法承担赔偿责任。

（2）测绘单位的质量责任

测绘单位是测绘成果生产的主体，必须自觉遵守国家有关质量管理的法律、法规和规章，对完成的测绘成果质量负责。测绘成果质量不合格的，不准提供使用，否则要依法承担相应的法律责任。

## 三、测绘成果的汇交

测绘成果是国家基础性、战略性信息资源，是国家花费大量人力、物力生产的宝贵财富和重要的空间地理信息，是国家进行各项工程建设和经济社会发展的重要基础。为充分发挥测绘成果的作用、提高测绘成果的使用效益、降低政府行政管理成本、实现测绘成果的共建共享，国家实行测绘成果汇交制度。

1. 测绘成果汇交的概念

测绘成果汇交是指向法定的测绘公共服务和公共管理机构提交测绘成果副本或者目录，由测绘公共服务和公共管理机构编制测绘成果目录，并向社会发布信息，利用汇交的测绘成果副本更新测绘公共产品和依法向社会提供利用。

2. 测绘成果汇交的内容

按照《测绘法》《测绘成果管理条例》和国家测绘局制定的《关于汇交测绘成果目录和副本的实施办法》规定，测绘成果汇交的主要内容包括测绘成果目录和副本两部分。

（1）测绘成果目录

1）按国家基准和技术标准施测的一、二、三、四等天文、三角、导线、长度、水准测量成果的目录。

2）重力测量成果的目录。

3）具有稳固地面标志的全球定位系统（GPS）测量、多普勒定位测量、卫星激光测距（SLR）等空间大地测量成果的目录。

4）用于测制各种比例尺地形图和专业测绘的航空摄影底片的目录。

5）我国自己拍摄的和收集国外的可用于测绘或修测地形图及其他专业测绘的卫星摄影底片和磁带的目录。

6）面积在 $10km^2$ 以上的 1 ∶ 500~1 ∶ 2000 比例尺地形图和整幅的 1 ∶ 5000~1 ∶ 100 万比例尺地形图（包括影像地图）的目录。

7）其他普通地图、地籍图、海图和专题地图的目录。

8）上级有关部门主管的跨省区、跨流域，面积在 $50km^2$ 以上，以及其他重大国家项目的工程测量的数据和图件目录。

9）县级以上地方人民政府主管的面积在省管限额以上（由各省、自治区、直辖市人民政府颁布的政府规章确定）的工程测量的数据和图件目录。

（2）测绘成果副本

1）按国家基准和技术标准施测的一、二、三、四等天文、三角、导线、长度、水准测量的成果表展点图（线路图）、技术总结和验收报告的副本。

2）重力测量成果的成果表（含重力值归算、点位坐标和高程、重力异常值）、展点图、异常图、技术总结和验收报告的副本。

3）具有稳固地面标志的全球定位系统（GPS）测量、多普勒定位测量、卫星激光测距（SLR）等空间大地测量的测绘成果、布网图、技术总结和验收报告的副本。

4）正式印制的地图，其中包括各种正式印刷的普通地图、政区地图、数学地图、交通旅游地图，以及全国性和省级的其他专题地图。

目前，国务院测绘行政主管部门和省、自治区、直辖市测绘行政主管部门负责成果汇交的具体职责权限还没有正式出台，但大多数省、自治区、直辖市通过地方性法规或政府规章等方式对测绘成果汇交进行了规定，测绘成果汇交制度基本得以实施，对促进测绘成果共享起到了积极的作用。依据《测绘法》和《测绘成果管理条例》的规定，测绘成果属于基础测绘成果的，应当汇交副本；属于非基础测绘成果的，应当汇交目录。

## 四、测绘成果保管

1.测绘成果保管的概念与特点

（1）测绘成果保管的概念

测绘成果保管是指测绘成果保管单位依照国家有关档案法律、行政法规的规定，采取科学的防护措施和手段，对测绘成果进行归档、保存和管理的活动。

由于测绘成果具有专业性、系统性、保密性等特点，同时，测绘成果又以纸质资料和数据形态共同存在，使测绘成果保管不同于一般的文档资料。测绘成果资料的存放设施与条件，应当符合国家测绘、保密、消防及档案管理的有关规定和要求。

（2）测绘成果保管的特点

测绘成果保管单位必须采取安全保障措施，保障测绘成果的完整和安全。测绘资料存放设施与条件，应当符合国家保密、消防及档案管理的有关规定和要求。对基础测绘成果资料实行异地备份存放制度，测绘成果保管单位应当按照规定保管测绘成果资料，不得损毁、散失、转让。

2.测绘成果保管的措施

测绘成果保管涉及测绘成果及测绘成果所有权人、测绘单位及测绘成果使用单位等多个主体。不管属于什么类型的测绘成果保管主体，都必须按照测绘法等有关法律、法规的规定，建立健全测绘成果保管制度，采取措施保障测绘成果的完整和安全，并按照国家有关规定向社会公开和提供利用。

（1）建立测绘成果保管制度，配备必要的设施

测绘成果保管单位应当本着对国家和人民利益高度负责的精神，建立切实有效的管理制度，配备必要的安全防护设施，防止测绘成果的损坏、丢失和失密。按照《测绘法》《档案法》《保密法》《测绘成果管理条例》的有关规定，建立测绘成果保管制度，并成立相应的测绘成果保管工作机构，明确相应的测绘成果保管人员和职责，确保各项测绘成果保管制度落实到位，并且配备必要的设施。

（2）基础测绘成果资料实行异地备份存放制度

基础测绘成果异地备份存放就是将基础测绘成果进行备份，并存放于不同地点，以保证基础测绘成果意外损毁后，可以迅速恢复基础测绘成果服务。异地存放的基础测绘成果资料，应与本地存放的测绘成果资料所采取的安全措施统一规格，要符合国家保密、消防及档案管理部门的有关规定和要求。

## 五、测绘成果保密管理

1. 测绘成果保密的概念和特征

（1）测绘成果保密的概念

测绘成果保密是指测绘成果由于涉及国家秘密，综合运用法律和行政手段将测绘成果严格限定在一定范围内和被一定的人员知悉的活动。大量的测绘成果都属于国家机密，测绘成果也相应地划分为秘密测绘成果和公开测绘成果两类。

（2）测绘成果保密的特征

1）测绘成果涉及的国家秘密事项是客观存在的实物。测绘成果是对自然地理要素和地表人工设施的空间位置、大小、形状和属性的客观反映，测绘成果保密的关键是一部分自然地理要素和地表人工设施的大小、形状、空间位置及其属性需要保密。

2）测绘成果涉及的国家秘密事项具有广泛性。根据《保密法》的规定，国家事务中的重大决策事项、国防和武装力量秘密事项、外交和外事活动秘密事项、国民经济和社会发展中的秘密事项、科学技术中的秘密事项、维护国家安全活动和追查刑事犯罪中的秘密事项，其他经国家保密工作部门确定为应当保守的国家秘密事项等都属于国家秘密，这些国家秘密的相当一部分都会通过测绘手段，真实地反映在不同类型的测绘成果上。

3）涉及国家秘密的测绘成果数量大，涉及面广。随着国民经济的发展，地理信息产业已经成为我国国民经济新的增长点。面对如此巨大的市场，测绘成果的数量巨大，其中大部分属于国家秘密。大量的地理信息数据所涉及的人员和领域范围也非常广。

4）测绘成果涉及的国家秘密事项保密时间长。各类测绘系统的点位和数据，始终是测定保密要素的空间位置、大小、形状的依据。因此，除国家有变更密级或解密的规定外，测绘成果的保密期都是长期的，需要进行长久保存。

5）测绘成果不同于其他文件、档案等保密资料。测绘成果一经提供出去，便由使用单位自行使用、保存和销毁，与其他带有密级的文件、档案等秘密资料不同。《测绘法》明确规定，对外提供测绘成果，必须经国务院测绘行政主管部门和军队测绘主管部门批准。

2. 测绘成果保密管理规定

《测绘法》规定了测绘成果保密管理制度，其具体内容涉及以下几个方面：

（1）测绘成果属于国家秘密的，适用国家保密法律、行政法规的规定。

关于测绘成果的秘密范围和秘密等级的划分，国家秘密法、保密法实施办法和国家保密局、国家测绘局联合制定的《测绘管理工作国家秘密范围的规定》有明确的规定。该规定是划分测绘成果秘密范围和成果密级的依据。测绘成果保密工作，首先要确定哪些测绘成果属于国家秘密。在这个前提下，测绘成果保密适用国家保密法律、行政法规的规定，如《保密法》《保密法实施办法》《测绘成果管理条例》等。

（2）对外提供属于国家秘密的测绘成果，按照国务院和中央军委规定的审批程序执行。《测绘成果管理条例》规定，对外提供属于国家秘密的测绘成果，应当按照国务院和中央军委规定的审批程序，报国务院测绘行政主管部门或省、自治区、直辖市人民政府测绘行政主管部门审批；测绘行政主管部门在审批前应当征求军队有关部门的意见。

（3）测绘成果保管单位应当采取措施保障测绘成果的完整和安全，并按照国家有关规定向社会公开和提供利用。

大部分测绘成果都涉及国家秘密，测绘成果保管单位必须采取有效的安全保障措施保证测绘成果的完整和安全，防止测绘成果的损坏、灭失和泄露国家秘密。同时，测绘成果保管单位必须依照国家有关测绘成果提供的有关规定，依法向社会公开和提供利用。

# 第三节　测绘市场监督管理

## 一、测绘市场

### 1. 测绘市场的含义

测绘市场是从事测绘活动的企业、事业单位、其他经济组织、个体测绘业者相互间以及它们与其他部门、单位和个人之间进行的测绘项目委托、承揽、技术咨询服务或测绘成果交易的活动。测绘市场活动的专业范围包括大地测量、摄影测量与遥感、地图编制与地图印刷、数字化测绘与基础地理信息系统工程、工程测量、地籍测绘与房产测绘、海洋测绘等。

### 2. 承担测绘市场任务的条件

（1）进入测绘市场承担测绘任务的单位经济组织和个体测绘业者，必须持有国务院测绘行政主管部门或省、自治区、直辖市人民政府测绘主管部门颁发的《测绘资格证书》，并按资格证书规定的业务范围和作业限额从事测绘活动。

（2）测绘单位的测绘资质证书、测绘专业技术人员的执业资格证书和测绘人员的测绘作业证件不得伪造、涂改、转让、转借。

（3）测绘项目实行承发包的，应当遵守有关法律、法规的规定；测绘项目承包单位依法将测绘项目分包的，分包业务量不得超过国家的有关规定，接受分包的单位不得将测绘项目再次分包。测绘单位不得将承包的测绘项目转包。

## 二、测绘项目招标、投标管理

县级以上地方人民政府测绘行政主管部门会同同级发展和改革部门、财政部门，按照法律、法规的规定，对本行政辖区内测绘项目招标、投标活动实施监督管理。

**1. 招标方式发包的测绘项目**

一般以招标方式发包的测绘项目主要有以下几种：

（1）基础测绘项目。

（2）使用财政资金达到一定额度的测绘项目。

（3）建设工程中用于测绘的投资超过一定数量的测绘项目。

（4）法律、法规和规章规定的其他应当招标的项目。

**2. 可以邀请招标的测绘项目**

经设区的市（州）以上有关行政管理或监督部门批准，可以邀请招标的测绘项目：

（1）需要采用先进测绘技术或者专用测绘仪器设备，仅有少数几家潜在投标人可供选择的测绘项目。

（2）采用公开招标方式所需费用占项目总经费比例大到不符合经济合理性要求的测绘项目。

**3. 可以不实行招标的测绘项目**

以下测绘项目可以不采用招标的方式确定承接方：

（1）国家有关文件规定或者经国家安全部门认定，涉及国家安全和国家秘密的测绘项目。

（2）抢险救灾的测绘项目。

（3）突发事件需要测绘的项目。

（4）主要工艺、技术需要采用特定专利或者专有技术，潜在投标人不足三个的。

（5）法律、行政法规规定的其他测绘项目。

**4. 招标的方法步骤**

各地各单位根据当地的实际情况和项目的内容会有所不同。

（1）招投标由招标单位、投标单位、评标委员会组成，并由监督、公正和纪检部门全程监督。

（2）招标文件内容有投标邀请书、投标人须知（包括总则、招标文件内容、投标文件的编制、投标文件的递交、开标与评标、中标与合同的签订、不正当竞争与纪律、解释权等）、合同条件及格式、投标书格式、中标通知书格式、工程概况和技术要求。

（3）公告方法有网上发布信、函、电话邀请等。

（4）投标单位索取或购买招标文件及开标日期通知书。

（5）由招标单位和监督、公正、纪检部门在专家库中落实评标专家参加评标。

（6）召开开标会，宣读投标书。

（7）专家评标，推荐合格的中标人顺序。

（8）确定中标人和中标金额后签订合同。

（9）招标人和中标人履行合同。

# 结　语

在当前高速发展的信息化时代，基础测绘的重点也发生了相应的改变，由原本的为我国制作基本的比例尺地形图转变为地理信息数据的生产与更新，这一转型中的重点在于如何将测绘的结果更好地付之于生活，以满足当前的数据需求，这就需要测绘工作者在新型基础测绘理念的基础上认准测绘的目标，坚持用户的体验为上，坚持不懈地进行改进，使基础测绘能够取得更多的成绩，为我国的生态保护、社会发展、国防基础建设提供强有力的保障。

新型基础测绘是国家经济社会发展的需求，我国想要全面建设小康社会、扩大地理信息的覆盖范围，需要对全球的地理信息资源有充分的掌握，然后，对新型基础测绘的内涵、要求进行阐述，从技术手段、工作范围、服务方式、成功形式四方面着手，进行详细的分析，最后做出积极的展望。只有推动新型基础测绘的体系建设，才能促进测绘地理信息的进一步发展，才能为国家的经济发展和安全提供强有力的保障。

进一步为人们的生活提供优质的服务，保障国家的安全以及社会的发展，促进我国经济建设的全方面发展。

# 参考文献

[1] 李维森. 新型基础测绘的探索与实践 [M]. 北京：测绘出版社，2018.

[2] 肖建华，彭明军，刘传逢. 新型基础测绘 100 问 [M]. 北京：测绘出版社，2021.

[3] 中华人民共和国自然资源部. 中国测绘地理信息年鉴 [M]. 北京：测绘出版社，2018.

[4] 马鹏阁，羊毅. 多脉冲激光雷达 [M]. 北京：国防工业出版社，2017.

[5] 谢宏全，等. 激光雷达测绘技术与应用 [M]. 武汉：武汉大学出版社，2018.

[6] 郭明，潘登，赵有山，等. 激光雷达技术与结构分析方法 [M]. 北京：测绘出版社，2017.

[7] 周国清，周祥. 面阵激光雷达成像原理技术及应用 [M]. 武汉：武汉大学出版社，2018.

[8] 谢宏全，李明巨，吕志慧，等. 车载激光雷达技术与工程应用实践 [M]. 武汉：武汉大学出版社，2016.

[9] 章大勇，吴文启. 激光雷达惯性组合导航系统的一致性与最优估计问题研究 [M]. 北京：国防工业出版社，2017.

[10] 刘立人. 合成孔径激光成像雷达原理和系统 [M]. 上海：上海科学技术出版社，2020.

[11] 张迪. 地面激光与探地雷达在活断层探测中的应用 [M]. 郑州：黄河水利出版社，2019.

[12] 刘东. 海洋遥感激光雷达 [M]. 北京：海洋出版社，2020.

[13] 王强作. 多角度与激光雷达遥感对地观测 [M]. 武汉：武汉大学出版社，2020.

[14] 郭庆华，陈琳海. 激光雷达数据处理方法 LiDAR360 教程 [M]. 北京：高等教育出版社，2020.

[15] 王晏民，黄明，王国利，等. 地面激光雷达与摄影测量三维重建 [M]. 北京：科学出版社，2018.

[16] 舒嵘，徐之海. 激光雷达成像原理与运动误差补偿方法 [M]. 北京：科学出版社，2020.

[17] 郭庆华，苏艳军，胡天宇，等. 激光雷达森林生态应用理论、方法及实例 [M]. 北京：高等教育出版社，2018.

[18] 李增元，庞勇，刘清旺，等．激光雷达森林参数反演技术与方法 [M].北京：科学出版社，2015.

[19] 王成，习晓环，骆社周，等．星载激光雷达数据处理与应用 [M].北京：科学出版社，2015.

[20] 国家测绘地理信息局．数字表面模型机载激光雷达测量技术规程 [M].北京：测绘出版社，2015.

[21] 邢艳秋，等．星载激光雷达反演森林生物量方法及其应用 [M].北京：科学出版社，2016.

[22] 王金鑫，张成才，程帅．3S 技术及其在智慧城市中的应用 [M].武汉：华中科技大学出版社，2017.

[23] 陆旻丰．3S 技术应用 [M].上海：上海人民出版社，2016.

[24] 胡刚．基于 3S 技术的东北漫岗黑土区沟道侵蚀研究 [M].北京：科学技术文献出版社，2016.

[25] 吴玥．3S 技术及应用实践教程 [M].沈阳：沈阳出版社，2019.

[26] 李乃稳．3S 技术在水利科学中的应用 [M].北京：中国水利水电出版社，2020.

[27] 李亦秋，王建华，董延旭，等．3S 技术与应用案例汇编 [M].北京：科学出版社，2018.

[28] 毛晓利，张敏中．3S 技术集成与生态学研究 [M].长春：吉林科学技术出版社，2019.

[29] 晏青华，董静，文仕军．林业 3S 技术应用实训指导书 [M].昆明：云南科技出版社，2018.

[30] 黎小清，陈桂良．基于 3S 技术的橡胶树精准施肥 [M].北京：中国农业科学技术出版社，2018.

[31] 李云平，韩东锋．林业"3S"技术 [M].北京：中国林业出版社，2015.

[32] 于承新，丁新华．3S 技术与物流优化 [M].济南：山东省地图出版社，2015.

[33] 韩东锋，李云平，亓兴兰．林业 3S 技术：第 2 版 [M].北京：中国林业出版社，2021.